粮食加工副产物研究与综合利用

韩伟　主编

化学工业出版社

·北京·

内容简介

本书在简要阐述粮食加工副产物及其研究现状、存在问题及建议措施的基础上，详细介绍了常见粮食稻谷、小麦、玉米、大豆及杂粮等近30种粮食加工副产物的近百种利用方式，每种利用方式附质量指标及工艺流程。此外，还重点介绍了粮食加工副产物综合利用中的4种生物技术及7个典型案例。本书理论知识与技术应用相结合，以期能够指导读者的学习、研究及生产工作。

本书可供从事粮油加工副产物研究的工程技术人员、管理人员，或供食品加工专业的高校师生参考使用。

图书在版编目（CIP）数据

粮食加工副产物研究与综合利用/韩伟主编．—北京：化学工业出版社，2022.11

ISBN 978-7-122-42224-8

Ⅰ.①粮… Ⅱ.①韩… Ⅲ.①粮食加工-粮食副产品-综合利用 Ⅳ.①TS210.9

中国版本图书馆CIP数据核字（2022）第171225号

责任编辑：孙高洁 刘 军　　文字编辑：李 雪 陈小滔
责任校对：边 涛　　装帧设计：关 飞

出版发行：化学工业出版社（北京市东城区青年湖南街13号 邮政编码100011）
印 装：涿州市般润文化传播有限公司
710mm×1000mm 1/16 印张$10\frac{3}{4}$ 字数165千字
2023年1月北京第1版第1次印刷

购书咨询：010-64518888　　售后服务：010-64518899
网 址：http://www.cip.com.cn
凡购买本书，如有缺损质量问题，本社销售中心负责调换。

定 价：88.00元

版权所有 违者必究

本书编写人员名单

主　　编　韩　伟

副 主 编　张晓琳

参编人员　庄绪会　邹球龙　李光涛　李晓敏

韩逸陶　崔　佳　刘　倩　印　铁

刘国丽　徐　晶

前言

天下虽安，忘粮必危。面对世界百年未有之大变局和中华民族复兴之战略全局，粮食安全摆在了更加重要的位置。我国拥有全世界最完备的粮食储备体系，却并不意味着我们就享有无忧的粮食安全。在新时代，保障粮食安全并从中获得美好的健康回报，一方面，需要我们把握新发展阶段，贯彻新发展理念，构建新发展格局，以推动高质量发展为主线，加快构建更高层次、更有效率、更可持续的粮食和物资储备安全保障体系；另一方面，粮食加工领域急需转型升级、提质增效，更新理念、技术、装备，让更多的粮食营养组分截留在人类的营养过程中，让更多的粮食有益成分服务于人类的生产生活。而这一切的进步，首先要从全面而多角度地认识粮食开始！

今天我们对粮食的认知，绝不能局限在口粮或食用。放在大健康背景下、置于循环工业体系中，粮食已开发出无数适用于食品、饲料、医药、保健、化工、环保、建筑、能源等方面的新型产品，是时代创新进程中最不能忽视的物质基础。本书聚焦粮食加工副产物的研究和综合利用开发的进展。粮食加工副产物在漫长的农业史中总被丢弃或低值化利用，如种壳被焚烧、米糠仅被饲用、乳清废水被无害化排放等。殊不知，粮食加工副产物的总量往往是大于粮食食用部分的，这种体量的存在也成为它资源化利用的前提。粮食加工副产物的综合利用已逐渐成为调整产业结构、完善粮食加工产业体系和产业链条的关键核心之一。

全书共 8 章，第 1 章着重带领读者认识粮食加工副产物，包括其定义、利用现状、存在问题、产生原因及建议措施；第 2 章至第 6 章详述主要粮食（包括稻谷、小麦、玉米、大豆、杂粮）加工副产物的综合用途；第 7 章介绍生物技术在当前粮食加工副产物研究与综合利用的贡献和应用案例；第8章展望并简述粮食加工副产物研究与综合利用的发展方向。庄绪会、邹球龙、李光涛、李晓敏、韩逸陶、崔佳、刘倩、印铁、刘国丽参与了本书各章节的编写工作，徐晶设计了插图并对全书进行了核校。

由于粮食加工副产物的相关知识与技术不断更新和发展，加之笔者学识有限，不足之处恐难避免，恳请广大读者批评指正。

韩伟

2022年写于拉萨

目录

第4章 玉米加工副产物 / 060

第 5 章 大豆加工副产物 / 083

第 6 章 杂粮加工副产物 / 101

第1章

粮食加工副产物概述

我国是粮食生产大国。据国家统计局公布数据，2021年全国粮食总产量约6.8亿吨，产量连续7年保持在6.5亿吨以上。同时，我国亦是粮食加工副产物的生产大国，每年粮食加工副产物总产量约为当年粮食生产量的1/7～1/5。例如，以稻谷年产量2亿吨计，其加工副产品包括稻壳约4000万吨、碎米约2000万吨、米糠约1500万吨（韩伟 等，2019）。粮食加工副产物资源丰富，但目前我国粮食行业对它的认识、加工、开发却明显不足。以米糠、麦麸、玉米须为例，三者均含有丰富的碳水化合物、蛋白质及多种功能性物质，有助于免疫调节、降血糖、降血脂、抗肿瘤、抗氧化、通便和调节肠胃等，具有广阔的应用前景，但目前多只用于饲料原料。2021年发布的《粮食流通管理条例》第十五条中指出："国家鼓励粮食经营者提高成品粮出品率和副产物综合利用率。"因此，只有全面认识粮食加工副产物，了解它在研究与利用过程所处阶段以及它的现实问题和广阔前景，才能找到粮食加工产业结构较为准确的调整方向，更好地推动粮食精深加工和综合利用。

1.1 粮食加工副产物

粮食，在《粮食流通管理条例》第二条中被定义为小麦、稻谷、玉米、杂粮及其成品粮；在《食品安全国家标准 粮食》（GB 2715—2016）中，原粮为未经加工的谷物、豆类、薯类等的统称，成品粮为原粮经机械等方式加工的初级产品，如大米、小麦粉等。鉴于大豆在国民经济中的重要地位，大豆与稻谷、小麦、玉米、杂粮等的副产物同在后面的章节详细阐述。

一般地讲，粮食加工副产物，即为粮食收获、分离、加工等过程所得到的副产物。而这些产物，最大程度上包含了除成品粮、油以外的壳、麸、糠、饼、粕等产品（GB/T 22515—2008）。在生产活动中，粮食除作为工业原料产出重要的工业产品外，还会有如玉米浆、大豆乳清废水、碎米、油渣、油脚、皂脚等多种副产物。作为农产品的主要副产物之一的秸秆，本书也扩大到粮食加工副产物，并在第 6 章中作为重点叙述了杂粮秸秆的应用。

因此，本书涉及的粮食加工副产物，主要包括粮食加工后麸皮、稻壳、米糠、粮食秸秆成分、油料皮壳、饼粕、油脚和皂脚及脱臭馏出物及其他加工废渣废液等。它的功能成分可归纳为：膳食纤维、色素、多糖、酚类化合物、黄酮类化合物、蛋白质、氨基酸、肽、微量元素、脂肪酸、磷脂、蜡质、甾醇、维生素、皂苷和矿物质等多种生物活性物质（刘晓庚 等，2014；郑立友 等，2016；韩伟 等，2019）。代表性粮食加工副产物种类及成分如图 1-1。

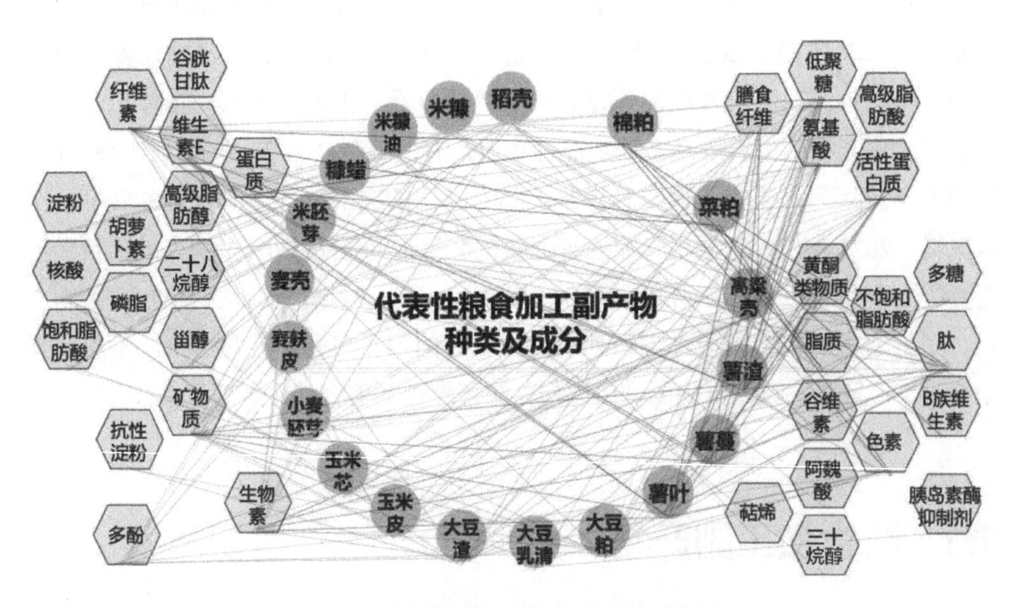

图 1-1　代表性粮食加工副产物种类及成分

1.2 粮食加工副产物的研究与综合利用

1.2.1 现状

1.2.1.1 粮食加工副产物产量呈逐年增长态势

截止到2021年，我国粮食产量“十七连丰”，不仅体现在总量上，而且体现在稻谷、小麦、玉米、薯类等各品种的产量都有不同程度的增长或基本持平上。如表1-1所示，2017～2021年五年间，无论是粮食总量，还是谷物和薯类产量，基本保持上涨之势。其中，2021年粮食总产量68285.1万吨，比2020年增加1336.1万吨，增长2.0%。

表1-1 2017～2021年度全国粮食总产量情况　　单位：万吨

品种	2017年	2018年	2019年	2020年	2021年
稻谷	20856	21213	20961	21186	21284.3
小麦	12977.4	13143	13359	13425	13694.6
玉米	21589.1	25733	26077	26067	27255.2
豆类	1916.9	1914	2132	2288	1965.5
薯类	3418.9	2856	2883	2987	3043.5
总量	61790.7	65789	66384	66949	68285.1

注：数据来源于国家统计局。

如果按照保守估计的粮食加工副产物总量为粮食总产量的1/7计算，如图1-2所示，2017～2021年五年间，粮食加工副产物随粮食产量增长同样呈逐年增长态势，且2021年产量已接近1亿吨。由此预测，近年来粮食加工副产物将呈现品种多、产量可观、稳步增长的局面，其资源属性凸显。

1.2.1.2 可利用功能性成分丰富

从大量的文献报道和工业利用情况分析，粮食加工副产物的组成和成分（尤其是功能性活性成分）相当丰富，可开发价值很大。由表1-2可知，粮食加工副产物除包含纤维素、蛋白质、脂质、矿物质等粮食中常见的基本物质之外，还包含

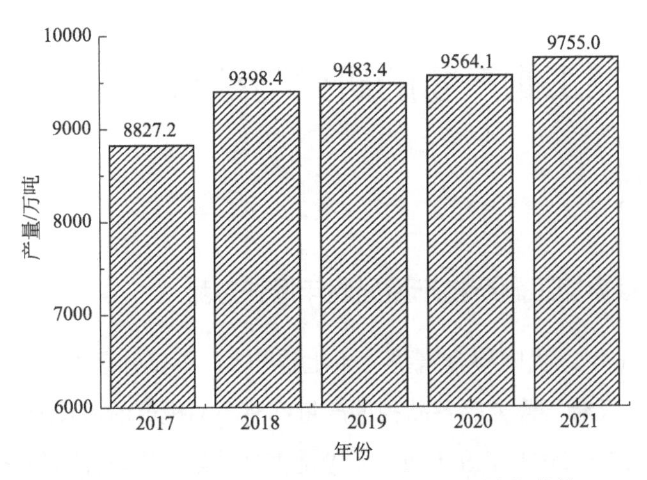

图1-2　2017～2021年度粮食加工副产物估算

表1-2　代表性粮食加工副产物的功能性成分（刘晓庚 等，2014；郭雪霞 等，2015）

副产物名称	主要功能性成分
水稻秸秆	纤维素、蛋白质、矿物质、脂质等
稻壳	纤维素、二氧化硅、其他矿物质、蛋白质、多缩戊糖、脂质等
米糠	膳食纤维、淀粉、低聚糖、蛋白质、氨基酸、核酸、肽、多酚、B族维生素、生物素、黄酮类物质、甾醇、脂质、矿物质、谷维素等
糠蜡	二十八烷醇、三十烷醇、高级脂肪醇、脂肪酸等
米胚芽	谷胱甘肽、二十八烷醇、膳食纤维、低聚糖、活性蛋白质、氨基酸、肽、多酚、维生素E、生物素、黄酮类物质、饱和与不饱和脂肪酸、矿物质、胡萝卜素类等
小麦秸秆	纤维素、蛋白质、矿物质、脂质等
麦麸	戊聚糖、膳食纤维、蛋白质、氨基酸、淀粉、维生素、黄酮类物质、脂质、矿物质等
麦壳	纤维素、膳食纤维、低聚糖、活性蛋白质、氨基酸、肽、多酚、维生素、生物素、黄酮类物质、脂质、矿物质等
小麦胚芽	膳食纤维、多糖、低聚糖、活性蛋白质、氨基酸、肽、多酚、维生素E、生物素、黄酮类物质、饱和与不饱和脂肪酸、胚芽油、矿物质、胡萝卜素类等
玉米秸秆	纤维素、蛋白质、矿物质、脂质等
玉米芯	纤维素、多缩戊糖、膳食纤维、多糖、低聚糖、活性蛋白质、核酸、氨基酸、肽、多酚、生物素、黄酮类物质、矿物质等
玉米皮	纤维素、蛋白质、葡萄糖、纤维素、膳食纤维、低聚糖、色素、活性蛋白质、氨基酸、肽、多酚、维生素、生物素、黄酮类物质、矿物质等

续表

副产物名称	主要功能性成分
味精废水	硫酸铵、含氮化合物、碳水化合物、蛋白质等
大豆秸秆	纤维素、蛋白质、矿物质、脂质等
大豆皮	纤维素、蛋白质、磷、氧化钙等
豆粕	蛋白质、纤维素、膳食纤维、脂肪、多糖、低聚糖、抗性淀粉、色素、活性蛋白质、氨基酸、核酸、肽、多酚、维生素、生物素、黄酮类物质、饱和与不饱和脂肪酸、矿物质等
豆渣	蛋白质、脂肪、纤维素、膳食纤维、低聚糖、抗性淀粉、色素、活性蛋白质、氨基酸、核酸、肽、多酚、维生素、生物素、黄酮类物质、矿物质等
大豆乳清废水	蛋白质、氨基酸、纤维素、膳食纤维、脂质、低聚糖、胰蛋白酶抑制因子、色素、甾醇、维生素、皂苷等
薯渣、薯蔓	纤维素、膳食纤维、淀粉、可溶性碳水化合物、花青苷、低聚糖、活性蛋白质、氨基酸、肽、多酚、维生素、生物素、黄酮类物质、矿物质等
高粱壳	花青苷、纤维素、膳食纤维、低聚糖、活性蛋白质、氨基酸、肽、多酚、维生素、生物素、黄酮类物质、矿物质等
小米米糠	蛋白质、脂肪、纤维素、膳食纤维、维生素、矿物质、水溶性多糖、谷维素、多肽等

低聚糖、甾醇、谷维素、胰蛋白酶抑制剂、不饱和脂肪酸、色素、多酚、黄酮类物质及多种维生素等营养和功能成分，可广泛用于保健品、食品、药品、化妆品、纺织及新材料等领域，其用途广、附加值高。

1.2.1.3 综合利用水平仍有待提高

粮食加工副产物的综合利用率和消化途径，是衡量粮食加工业科技水平的重要体现形式。尽管多年来我国在粮食加工副产物的综合利用方面取得了长足进步，但从整体上看其综合利用率尚不高、消化途径较少、低值化利用现象普遍，科技含量高、取得重大经济社会效益的产品并不多。以豆粕为例，据海关总署数据，我国于 2021 年进口大豆 9652 万吨，由此产生的豆粕主要用于饲料原料，但绝大多数豆粕只是直接利用，通过发酵或酶制剂处理的增值应用却很少。麦麸富含营养物质，但目前仅用作低值饲料原料。玉米皮作为玉米加工业的副产物，占玉米籽粒干重的 15% 左右，纤维素含量达 70% 以上，基本上作为低值饲料原料。郭雪霞等（2015）报道，我国每年生产的 300 多万吨小麦胚芽，可提炼 36 万吨胚芽油，但实际没有达到预期量；每年生产的2000多万吨米糠，可提炼300万吨米糠油，而实际年产量不足100万吨。因此，粮食加工副产物资源如果只停留在直接利用或粗加工的水平上，就意味着资源浪费，间接阻碍了粮食加工副产物的升级利用和向高值化方向发展的进程。

1.2.2 存在问题和产生原因

目前，我国在粮食加工副产物开发方面存在产业链短、产品单一、规模小、副产物转化水平长期处于中低端、综合利用率低、增值效益低、利润低、缺乏高效的利用技术与模式等问题。

尽管粮食加工副产物中有丰富的生物活性物质和营养物质，但不能忽略粮食加工副产物本身的特点和复杂性质：一是粮食加工副产物转化存在由资源分散导致的原料运输半径小、容易酸败变质、存在食品安全危害因子等问题。如米糠中含有稻米中64%的营养物质和90%的活性成分，但由于易酸败、运输半径小、加工成本高，成为稻米深入综合加工的主要制约因素，且目前主要使用的挤压膨化方法设备成本和能耗均较高，而且对营养物质的破坏严重，尚缺乏低成本快速稳定化研究和应用。二是粮食加工副产物中的各种功能活性物质，单位质量含量少或密度低，提取、浓缩、富集难度很大，能源消耗大，开发难度大，资金投入大。如大豆乳清中含有细胞色素C、皂苷、胰蛋白酶抑制因子、低聚糖等活性物质，但总体浓度不高于10%，干燥浓缩和梯次提取富集的成本甚至远高于污水处理工艺。

根据以上现象，结合粮食加工副产物研究与综合利用的现状，分析产生问题的主要原因如下。

（1）研究思路局限　从CNKI（中国知网）的相关文献检索看，在2016～2021年以某种粮食加工副产物及成分为关键词的文献数量呈快速增长之势。由此可见，粮食加工副产物已逐渐成为专家学者的研究热点，更多的科研资源已汇聚到其开发领域。然而，大量文献的内容局限于：粮食加工副产物的营养成分精细分析、饲用效果对比、活性成分小试分离提取方法、新物质新结构发现与其功能研究等。对于粮食加工副产物这样大宗而种类繁多的资源，从收集、流通、储存，到预处理、分类加工、形成分类产品，需要的是适合工业体系的集成研究，物理、化学、生物等多学科新方法的综合运用及更多新产品的创新创制。因此，更新科研理念、拓展研究思路、丰富研究内容，应作为粮食加工副产物继续开发的核心问题之一。

（2）工艺体系和标准体系不成熟　2016年发布的《中国居民膳食指南》中有一条量化建议：每天吃全谷物和杂豆类食物50～150g，相当于一天谷物的1/4～1/3。既然大家都知晓多吃全谷物好的知识点，为什么日常生活中没有出现大量的全谷物商品呢？原因之一是原粮适度加工体系还没有完全建立。虽然目前已有如行业标准《全麦粉》（LS/T 3244—2015）、地方标准《全谷物粉　燕麦粉生产加工技术规程》（DB 34/T 3259—2018）和《全谷物粉　荞麦粉生产加工技术规程》（DB 34/T 3258—2018）等，但整体上适度加工的成熟工艺、指标和标准未完全形成和建立。前端适度加工体系未普及，客观上造成副产物增量，后端副产物缺乏消化途径，势必造成浪费。此外，粮食加工副产物相关的标准较少，绝大多数副产物综合利用产品没有国家标准和行业标准，更无法谈及基础标准、方法标准和管理标准对产品标准的有效支持。工艺和配料缺乏统一标准，导致产品品质参差不齐。有些已有标准内容简单、技术指标有限、标准覆盖面小、使用范围较窄，标准更新速度跟不上市场需要，不能适应副产物加工产品由数量多向质量高发展的需要（郑立友 等，2016）。

（3）关键设备和装备集成落后　在粮食精深加工方面，机械和设备的研发短板一直是制约粮食加工行业的瓶颈之一。面对品类种类更多、加工难度更大的粮食加工副产物，尚缺乏自动化与智能化程度高、技术性能强、一体化程度高的国内品牌设备。像日本佐竹、瑞士布勒这样的国际公司生产的产品，长期在我国大米和小麦加工机械领域扮演着重要角色。此外，粮食加工副产物的综合利用，同样需要适合高效、规模化生产线的一系列关键装备集成。

（4）行业惯性和积极性问题　首先，对传统粮食加工企业而言，针对粮食加工副产物开发产品从来都不是主要盈利模式，相反，在畜牧养殖业高速发展和注重存栏扩张的当下，简单收集、处理副产物饲用即能获得利润，这种供需利好关系让企业没有动力去创新粮食加工副产物开发产品。其次，粮食加工本身技术门槛低、行业利润薄，多数企业规模小、处于初加工的低端环节、与上下游产业关联不紧密，故“小、散、弱”特征明显，因此加大研发粮食加工副产物产品和工艺的投入，不适合中小企业独立完成。另外，在少数地方和企业管理者眼中，从固有观念上认同粮食加工是劳动密集型产业，能够补贴经营、扩大就业、增加群众收入，却也可以减少投入、接受升级缓慢的步伐。

1.3 建议措施

面对我国多数成品粮油加工企业尚未实现粮食加工副产物的综合利用，从前端向后端延伸不够，产业链各环节脱节、结合不紧密的现状仍待根本改善的局面，“十三五”时期，中央到地方积极制定贯彻落实粮食安全政策措施，视粮食安全为实现经济发展、社会稳定和国家安全的重要基础，大力发展粮食产业经济，并引导企业提高粮食综合利用率，发挥粮食加工转化对粮食供求的调节作用，取得了长足进步和明显成效。而从长远看，研发粮食加工副产物的增值转化和全利用技术，发展粮食循环经济，实现粮食加工副产物循环、全值和梯次利用，提高粮食综合利用率和产品附加值，延伸产业链条，推动粮食加工产业提质增效升级等一系列工作，还有很大潜力能够挖掘。

1.3.1 加强顶层设计，引导资金技术流向

要深刻认识到，一则于民生、于发展，粮食及其附属产业具有重要地位，二则粮食加工副产物能够“很赚钱”。进一步研究制定激励粮食加工副产物综合利用的政策办法，因地制宜、因“物”定策，根据地域特点、作物种植面积、产业聚集分布等，作出长远和重点规划措施，提出有步骤的、阶段性的发展目标，运用好政府补贴，完善产业政策，积极引导财税、金融、资金、技术、人才、服务流向，开创粮食加工副产物发展新局面。

1.3.2 提高基础研究水平，加强自主创新能力

了解粮食加工副产物丰富成分的同时，要坚持“四个面向”，站在“产”“学”“研”相结合的高度，积极加大科研扶持力度，提高基础研究水平，以形成高质量创新产品为导向，重点研究攻关粮食加工副产物分级利用、成熟工艺技术、设备研制及装备集成等，充分融合多学科先进技术，鼓励节能减排、节能降耗的技术入行，形成智能化、集成化、本土化的自主创新体系（郑立友 等，2016）。

1.3.3 加强中小企业技术服务体系建设

针对粮食加工副产物相关企业进入门槛低、体量小、经营分散、技术底子差的特点，应积极扶持和帮助相关企业，联系科研机构、高校院所、科技服务站等，探索科技特派员制度，完善“一对一”“点对点”服务，并形成长期的技术服务模式和体系。

1.3.4 重视标准体系建设

在“健康中国2030”和“碳达峰”“碳中和”的大目标下，粮食加工副产物的综合利用将在食用和非食用的不同领域显示出令人瞩目的活力。面对不断增长的市场需求和人民对美好生活的需要，要改变粮食加工副产物相关标准数目少、内容简单、技术要求低、工艺延伸短等现状，不断制定、更新标准。要注重行业导向，注重技术难度，注重实用性和广泛适用性，让标准建设能够真正引导粮食加工副产物利用与可持续发展相契合。

1.3.5 培养、用好粮食科技人才

粮食加工副产物行业的换挡升级和持续发展，需要大量优秀人才贡献才智。改变粮食行业人才流失严重的现状，要做好培养、引进、留住、用好等工作。应制定积极的人才政策办法，通过联合培养、定向培养、订制化培养等手段，利用好各级技能行业评比大赛、评先评优，奖励和调动企业科研投入，培养培育优秀年轻人才。通过人才引进、内部调动、跨部门流动、短期指导等办法，用好院士工作站、博士工作站、博士流动站，组织开放课题、合作项目研究，引入先进人才。用好职称职务聘任，打破学历限制，唯才是举，唯绩考核，做好留住、用好人才工作（陈哲 等，2018）。

1.3.6 完善适度加工体系建设

应建立完整的适度加工体系，减少粮食加工副产物的增量。粮食加工副产物

再好，也不是越多越好，相反，粮食加工副产物越少，可以节约很多的处理成本和能耗。由于很多粮食副产物的产生是伴随目前粮食加工标准和体系而产出的，可以通过改变技术而有效减少副产物数量。让更多营养物质保留在口粮层面，既是提高营养价值和人民健康的必然要求，又是减少粮食浪费和节能降耗的有效手段。因此，应通过加工环节的技术改良，建立完整的适度加工体系，减少加工环节的营养损失，这样除满足市场多品种和多元化需求外，间接有助于减少粮食加工副产物的无谓增量（赵红雷，2016）。

1.3.7 加强科普教育，提高科学认知

利用粮食科技周、营养科技周、粮食安全宣传周等特殊宣传周日，运用好线上线下等多媒体手段，向民众和从业者传递粮食加工副产物的相关知识。一方面，向消费者宣传粗杂粮和全谷物的营养价值、多食用的健康益处，改变只吃精白米面的习惯，并加强对粮食加工副产物的认识。另一方面，对从业者加强科学知识、典型副产物开发案例的宣传，推广技术运用方案，开展组织技术培训，让粮食加工副产物是全产业链一部分的观念深入从业者内心深处，将有助于产业快速发展和进步。

参考文献

陈哲，邓义，张顺蜜，等，2018. 我国粮食加工环节损失浪费问题现状与对策研究 [J]. 粮食深加工与食品，43（5）：96-99.

郭雪霞，张慧媛，刘瑜，等，2015. 中国农产品加工副产物综合利用问题研究与对策分析 [J].436（8）：119-123+175.

韩伟，谭云，张云鹏，等，2019. 粮油加工副产物在微生物群导向型食品研发中的应用潜力 [J]. 粮油食品科技，27（4）：30-35.

粮油名词术语 粮食、油料及其加工产品 . GB/T 22515—2008[S].

刘晓庚，杨国峰，陶进华，等，2014. 我国主要粮食副产物功能性成分及其利用研究进展（上）[J]. 粮食与油脂，4：10-13.

全谷物粉 荞麦粉生产加工技术规程 . DB 34/T 3258—2018[S].

全谷物粉 燕麦粉生产加工技术规程 . DB 34/T 3259—2018[S].

全麦粉 . LS/T 3244—2015[S].

食品安全国家标准 粮食 . GB 2715—2016[S].

赵红雷，2016. 我国粮食损失的发生机制与治理措施分析 [J]. 中国农业资源与区划，37（11）：92-98.

郑立友，石爱民，刘红芝，等，2016. 粮油加工副产物损失及利用现状与对策建议 [J]. 农产品加工，401（2）：60-64.

中国营养学会，2016. 中国居民膳食指南 [M]. 北京：人民卫生出版社 .

中华人民共和国国务院 . 粮食流通管理条例 [Z]. 2021-02-15.

第2章

稻谷加工副产物

我国是世界上最大的稻谷生产国，有7000多年的稻谷种植史。2021年全国稻谷产量约2.12亿吨，超过全国粮食总产量的30%，其加工副产物主要有：稻壳（约4000万吨）、碎米（约2000万吨）、米糠（约1500万吨），见表2-1。尽管我国稻谷加工副产物的数量大、种类多且研究开展较早，但整体上资源的综合利用率并不高，除了碎米被充分用于酿造、制糖、生产米蛋白等，每年只有10%～15%的米糠被用于米糠油加工或提取植酸钙等附加值较高的产品，其余多被用于饲料。在2019年实施的国家标准《大米》（GB/T 1354—2018）中提出了“适碾”的定义，

表2-1　稻谷加工副产物的主要用途

副产物名称	主要用途
稻壳	稻壳发电、制备白炭黑和硅基材料、用于酿酒和产生糠醛、制作建筑材料、制备吸附剂、制备石墨化碳、制备新型塑料、制备功能多孔碳、饲用、改良土壤、提取活性成分、制备胶黏剂、制备催化剂载体、稳定重金属、制备固定化酶及日用品
米糠	提炼米糠油、提取和改性米糠多糖、提取米糠蛋白、提取米糠膳食纤维、提取谷维素、饲用、提取植酸、提取米糠蜡及烷醇类物质、提取多酚、提取黄酮、用作食品配料
碎米	制备大米淀粉、提取大米蛋白、制作米类食品、制作强化食品、饲用、酿酒、制醋、制备麦芽糖醇、制备山梨醇、制备果葡糖浆

即“背沟有皮，粒面皮层残留不超过1/5的占75%～85%，其中粳米、优质粳米中有胚的米粒在20%以下；或留皮率在2%～7%”，说明行业也在积极推动适度加工和副产物充分利用的进程。因此，研发稻谷加工副产物的增值转化和全利用技术，对提高综合利用效率，延伸产业链条，推动稻谷加工产业提质增效升级，不断满足人民群众对优质健康稻谷基产品的需要，促进循环经济平稳健康发展具有重要的战略意义。

2.1 稻壳

稻壳是由稻谷脱壳产生的副产物，约占整个谷粒的20%，主要由外颖、内颖、护颖、小穗轴等组成，纤维素和木质素占总成分的50%以上。我国每年的稻壳产量超过3.6亿吨，是一种产量大、价格低的可再生资源（陈小平，2018）。稻壳在生物发电、制备白炭黑、制作建筑材料及饲料等方面潜力巨大。

2.1.1 稻壳发电

稻壳的可燃成分在70%以上，热量在12.5～14.6MJ/kg，为标准煤的一半。稻壳发电可通过两种方式实现：一是直燃发电。将稻壳置于专用锅炉内直接燃烧，产生高热蒸汽推动汽轮机做功，驱动发电机发电。直燃发电投资大、设备简单、效率高，适合规模较大的大米加工企业（满足3000kW装机容量），1t稻壳约产生750kW·h电。二是稻壳气化发电。稻壳在燃烧炉中与空气接触进行缺氧燃烧，产生可燃性混合气体，燃烧生成的高温气体推动汽轮机做功，驱动发电机发电。稻壳气化发电投资小、建设周期短，适合中小规模的大米加工企业（可小于800kW装机容量），1t稻壳约产生400kW·h电（施蕾，2013；刘化，2010；王圣保 等，2011）。稻壳气化发电工艺流程见图2-1。

如何提高稻壳发电效率和降低能耗是研究热点之一。通过研究水热预处理方式改性稻壳性质，进而影响焦热电性能：当水热温度为150℃且50℃温差，输出电压为67.084mV，比能量为106.7MJ/g时，稻壳焦热比面积和总孔容积达到最大

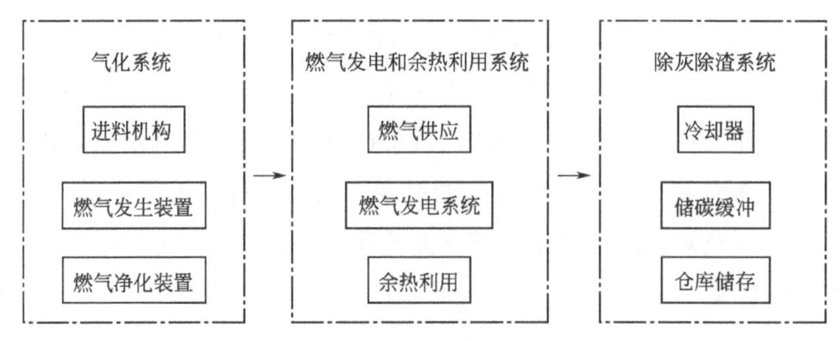

图 2-1　稻壳气化发电工艺流程（陈小平，2018）

（章旭 等，2020）。采用热解和蒸汽重整两步法制备富氢高能燃气，提高稻壳的能量密度，同时富集含酚废水，用于生产酚基胶黏剂（王晓峰 等，2019）。而分析稻壳气化发电时，不同气化温度影响固相产物含碳量、微观形貌、比表面积和吸附能力等，得到的结论是：燃气主要可燃成分 CO 和 H_2 含量随温度升高先增大后减小，625 ～ 775℃时燃气热值高，固相产物含碳量较高；在较低气化温度下，固相产物孔结构发育更完全、孔隙数量增加，比表面积随温度降低而增加；碘吸附值和比表面积基本线性相关（胡小金 等，2021）。

稻壳发电虽是一种绿色环保的发电方式，但要真正成为高效、可持续和安全性高的电能供给方式，还需要多方面的研究和努力：①改进工艺，使热能最大化地转变为电能；②建设成熟的稻壳收集、物流和存储体系，保证原料的供应；③研发专用化、标准化的中小型成套发电设备，使稻壳发电能在适用范围内普及；④做好区域规划和电网并网衔接，使转化的电能集中而稳定地发挥作用。

2.1.2　制备白炭黑和硅基材料

白炭黑，主要成分为二氧化硅（SiO_2），是一种重要的化工原料，具有耐高温、绝缘性良好的特点，广泛用于光纤、陶瓷、太阳能、橡胶、造纸等工业领域。稻壳中富含无定型结构的二氧化硅，含量在 20% 以上，是制备白炭黑的理想原料。白炭黑的制备方法主要有气相法、沉淀法和固废物提取法。气相法是以 $SiCl_4$ 为原料，通过高温煅烧，得到白炭黑；沉淀法是以硅酸钠和浓硫酸为原料，经反应、压滤、喷雾干燥得到白炭黑；相比前两种方法，固废物（这里主要指稻壳）提取法，原料来源丰富、价格低廉且生产成本低。图 2-2 为直接煅烧法。

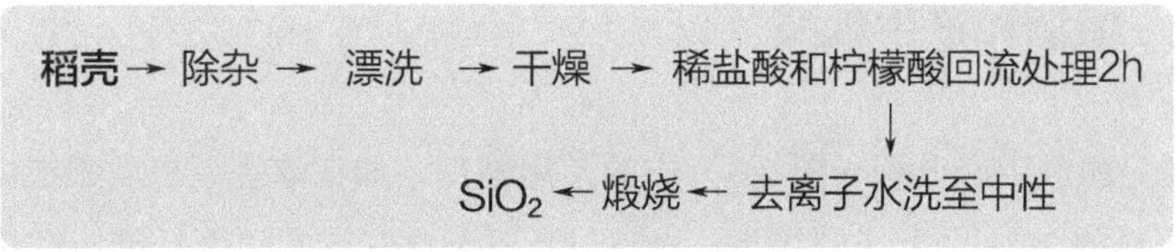

稻壳→除杂→漂洗→干燥→稀盐酸和柠檬酸回流处理2h

↓

SiO_2←煅烧←去离子水洗至中性

图 2-2　稻壳（直接煅烧法）制备白炭黑工艺流程（田宇清 等，2020）

从稻壳中获取的白炭黑，分散性高，易形成纳米级的粒子，表面的有机成分可有效改善与橡胶的相容性，作为载体可改善催化剂性能，提高油脂脱胶效果等（胡冬 等，2020）。利用溶胶-凝胶法将稻壳灰制备高纯度的纳米白炭黑，平均粒径为 40 ～ 60nm，增加了氮吸附表面积，其在特定基体中分散性高于 Z1165MP 和 175MP 两种高分散性白炭黑，并可增加橡胶拉伸强度，提高其综合性能（李思琦 等，2020）。利用优化的碱溶酸沉工艺制备白炭黑，从提高白炭黑纯度角度，影响其纯度的因素依次为反应温度、反应终点 pH 值和液料比，当三者分别为 60℃、pH 10、11mL/g 时，所得白炭黑纯度为 98.56%（周显青 等，2020）。采用共浸渍法制得的 Fe_2O_3/SiO_2 催化剂，以稻壳制备的白炭黑为载体，用于催化 H_2O_2 预氧化 NO 反应，一系列验证实验表明载体可以降低活性组分还原温度，并减少其团聚，而且催化剂晶相结构稳定，催化性能高于 $Fe_2O_3/C\text{-}SiO_2$ 催化剂（闫文杰 等，2021）。稻壳灰二氧化硅作为脱胶剂，其吸附性可以脱除菜籽油中的磷脂，在 50℃、用量 4.5%、40min 条件下，脱胶率达到 57.8%，且循环 6 次脱胶后，脱胶率仍达 35%（郑学斌，2020）。此外，稻壳也是制备高纯硅的原料，提取的主要步骤为：燃烧稻壳、选择合适还原剂热还原碳化及酸洗除杂还原产物（郭晓琳 等，2019）。

稻壳制备白炭黑可谓“物美价廉”，是一种充分利用稻壳资源的不错的方式。未来在研究和制备过程中同样有需要进一步突破的方面：①稻壳预处理的标准化，克服稻壳表面形成玻璃状熔融层的障碍，提高 SiO_2 纯度。稻壳中碱金属杂质易在高温下与 SiO_2 发生共晶反应，导致 SiO_2 从无定形态转化为结晶态，阻碍空气与稻壳内部碳进一步氧化（陈佩 等，2019）。②纳米级 SiO_2 改性和应用范围的进一步研究与开发。纳米级 SiO_2 是非常具有应用前景的材料之一，因其表面界面效应，常显示出特殊的性能特点而广泛应用。纳米级 SiO_2 一般与有机基体之间结合力差，因此对它作适当的改性十分必要。另外，纳米级 SiO_2 的应用领域、范围和规模也需要不断地去延展，使此资源进一步得到开发与利用。

2.1.3 酿酒和产生糠醛

稻壳是酿酒生产过程（图 2-3）中的常用辅剂，如在浓香型白酒酿造中，一般占投粮原料的 20% 以上（刘绪 等，2015）。稻壳含有较多刚性纤维，在糟醅发酵和蒸馏过程中作为填充剂和疏松剂，发挥如保障发酵前期微生物氧气供应、疏松糟醅、增加界面的作用，同时能够调整酒醅淀粉浓度、冲淡酸度、吸收酒精及保持浆水；此外，稻壳中有诸如羟基、羰基、酚羟基、醇羟基、芳香基等活性基团，为酒中微量成分形成创造化学条件，因此稻壳的存在保证了基酒的产量和质量。表 2-2 为酿酒用稻壳质量要求。

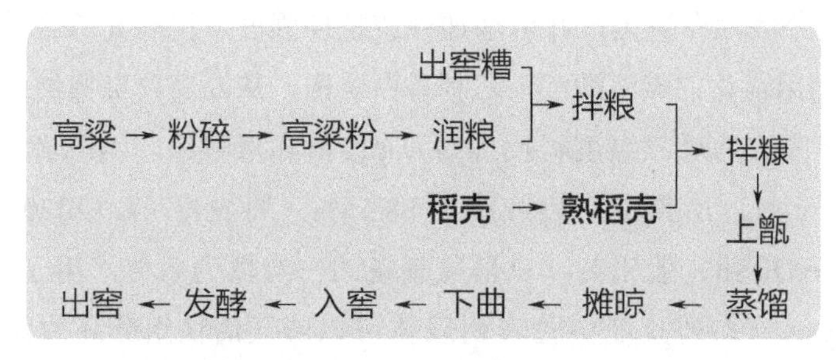

图 2-3 稻壳用于酿酒工艺流程（蔡小波 等，2020）

表2-2 酿酒用稻壳质量要求（T/AHFIA 009—2018）

项目	含量 /%
水分	≤ 12.5
糠粉	≤ 8.0
杂质总量	≤ 15.0

注：杂质总量包含糠粉。

在酿酒的实际生产过程中，稻壳的品质、加量和作用发挥往往依靠经验判断，如通过手感和闻香，但现在很多研究已经聚焦到其量效关系上。构建模糊数学模型，将感官、夹杂物、20 目筛下物、容重和骨力等 5 个因素赋予权重系数（分别为 0.11、0.17、0.24、0.20 和 0.28），从而建立了一种简便实用的稻壳品质评价方法（郎定常 等，2020）。结合稻壳的有机元素组成、金属元素组成、化学组分与物理性质、组织结构，为分析稻壳作为辅料的功能寻找思路（刘绪 等，2015）。对比 4 个品种的稻壳对基础酒的产量和质量的影响，发现窖糟的酸度、淀粉含量、还原糖，糟醅出酒，香气、色泽及口感等都与稻壳相关（蔡小波，2020）。

糠醛是白酒中的呈香物质，适量糖醛能赋予白酒特殊的香味，过量则带来糠霉味。稻壳中的多缩戊糖成分是糠醛的前体，故其质量、加量和处理程序尤为重要。气相色谱方法可以检测清蒸后稻壳浸提液中糠醛浓度，且浓度在 5 ～ 60mg/L 区间内线性关系好（刘卫义 等，2019）。在青稞酒酿制过程中，通过精选稻壳使原酒的糠醛浓度下降，减少了原酒的霉味，再通过清蒸 30 ～ 35min，使稻壳的多缩戊糖含量适当，此时原酒的感官品评质量达到最好（李玉英 等，2021）。此外，以稻壳为原料亦可制备糠醛类化合物。优化预处理和微波处理方法，具体在微波功率 420W、辐射时间 6min，2% 盐酸加量 1.69g、氯化锡浓度 1.95g、稻壳纤维素加量 1.2g 及二甲基亚砜（DMSO）为反应液体积 10% 的情况下，五羟甲基糠醛的产率为 26.5%（章博，2019）。

稻壳及其品种可能在不同香型酒、不同制曲工艺中的作用都是不同的。未来可能的关键研究方向是：运用基因组学、代谢组学和风味组学等领域的新技术，研究不同稻壳条件与发酵微生物种类和丰度及其代谢产物（尤其是糠醛等呈香物质）、酒风味的内在规律。

2.1.4 用作建筑材料

稻壳能够作为建筑材料，与其含有大量的 SiO_2 有关，在不牺牲传统建筑材料性能的前提下，稻壳可以替代传统原材料，既可作为水泥基材料的辅助性胶凝材料，又可减少天然资源消耗和环境污染。

稻壳的掺入对原有建筑材料的力学性质、耐久性能和工作性能等具有显著影响。掺和 5% ～ 10% 的稻壳灰和硅灰提升混凝土的抗压、抗折强度，减少干密度和吸水率，提升试件的抗硫酸侵蚀和抗碳化能力（王刚，2021）。以纯稻壳为原料，在热压温度 150℃、热压时间 72s/mm、单位压力 1.2MPa、施胶量（改性酚醛树脂）为绝干稻壳 20% 及设计密度 $0.85g/cm^3$ 条件下，10mm 厚高密度稻壳板的物理力学指标达到 P6 型刨花板要求，可用于房屋、厂房等建筑（王谷怡 等，2020）。此外，研究稻壳灰水泥净浆的水化进程及其埋入钢筋后的电学性能参数，证实稻壳灰能够有效促进水泥净浆中钢筋的耐腐蚀性能（Wang H et al., 2020）。

稻壳要充分发挥优良建筑材料的作用，还存在以下待解决问题：①稻壳的回收、储存、运输和加工没有成熟的产业机制支撑，同时受到季节、温度、天气等不受控因素影响，导致成本上升。②生产设备亟待改进，如流化床适合小规模生产，产量低，且酸处理污水的回收利用也需要深入研究。③稻壳灰的 Si—O 键吸附高性能减水剂，削弱减水效果，影响水泥混凝土相容性，需要多掺减水剂以抵消稻壳灰的高吸水性，以达到混凝土的工作性能要求。因此开发与稻壳灰相容性较好的高性能减水剂是研究重点之一。④目前研究多集中在稻壳的掺入对混凝土宏观性能的影响，对于微观实验研究中的化学反应原理、水化热领域的研究不够深入（汪知文 等，2020）。

2.1.5 用作吸附剂

稻壳及处理后的稻壳灰，比表面积大、疏松多孔，具有良好的吸附性能，可用于吸附重金属、真菌毒素、抗生素、有机污染物及污泥处理等。

在污泥中加入污泥质量 70% 的稻壳，与单独添加三氯化铁相比，污泥比阻降低 59.73%，污泥净产率提高 45.27%，含固率提高到 23.97%，并可有效降低滤液浊度和溶解性化学需氧量（吴彦 等，2019）。20g/L 的稻壳灰在 35℃、Cu^{2+} 质量浓度 30mg/L、pH6 的条件下，1h 后 Cu^{2+} 吸附率达 96.03%（林美珊 等，2020）。改性稻壳生物炭对 Cd^{2+} 的吸附力显著增强，且 NaOH 使生物炭表面碱性含氧官能团增多，从而增强稻壳生物炭与 Cd^{2+} 间的离子交换和沉淀作用（任洁青 等，2021）。研究 4 种稻壳生物炭对萘的吸收发现：随着温度的升高，稻壳生物炭的吸附量先增大后减小，氮气氛围下制备的稻壳生物炭的吸附性能略优于限氧条件下制备的稻壳炭（龚香宜 等，2020）。利用水热法制备稻壳炭，在碳化时间 4h、碳化温度 180 ～ 220℃下，稻壳炭对亚甲基蓝的去除率大于 90%，且吸附量大于 6.27mg/g；再生使用 3 次后，亚甲基蓝的去除率仍达 82.2%（田雨 等，2020）。

稻壳作为吸附剂，它对具体污染物质的吸附能力、吸附规律、影响因素、再生使用能力及多种污染物并存时的吸附应用等都是目前研究的关注点。

2.1.6 制备新材料

稻壳在制备石墨化碳、新型塑料、功能多孔碳等领域潜力巨大。

石墨材料具有高导电性、高导热性、高耐酸碱性，在锂离子电池、电化学电容及传感器等方面有广泛应用。将稻壳碳化，并加入Fe基催化剂石墨化，得到温度1000℃、时间2.5h、催化剂浓度5mmol/g的最优石墨化条件（张家荣 等，2020）。以沥青为改性剂，通过低温混匀和中温固化方法对稻壳基活性炭改性，体积比电容得到提升且有较高的电容保持率（刘艳华 等，2018）。将稻壳粉加入聚乳酸（PLA）中制成复合材料，在壳聚糖、硅烷偶联剂和氢氧化钠等改性剂作用下，冲击强度、弯曲强度、拉伸强度、吸水率及其他力学性能等得到不同程度的提升，说明植物纤维在创制新材料方面具有巨大潜力（孙东宝 等，2021）。在氨气作用下高温处理稻壳基多孔碳，其介孔体积和石墨化程度明显提高，说明其作为电催化剂具有较好的稳定性和耐甲醇毒性（时军 等，2020）。

2.1.7 饲用

稻壳以纤维素和木质素为主要成分，它的蛋白质营养成分少、饲用价值及适口性差等都限制其作为饲料的应用，但稻壳产量大却是无法忽视的优点。因此，通过物理加工、青贮、酶解、固态发酵等方式提高适口性、改变组成成分和改善消化性能，都是提升稻壳饲用价值的好办法。将副干酪乳杆菌和纤维素酶制作发酵型全混合日粮（FTMR），同时稻壳替代王草比例从0%提高到10%，发现随着稻壳的添加量增加，FTMR中的中性洗涤纤维和酸性洗涤纤维含量升高（$P<0.01$），丙酸含量下降（$P<0.01$），挥发性氨态氮/总氮含量上升；尤其在稻壳添加量为5%时，FTMR的饲用品质最好（吕仁龙 等，2019）。而探讨不同比例的笋壳和稻壳混合青贮对青贮饲料品质的影响时，通过干物质、可溶性碳水化合物、氨态氮/总氮、有机酸和pH等指标的动态变化，得到80%笋壳和20%稻壳比例的青贮饲料效果为最佳（姜俊芳 等，2020）。

当然，应用稻壳达成食用或饲用目的，要考虑重金属的存在及其潜在影响。重金属会在水稻植株的不同部位不同程度地富集，稻壳也不例外，而进入体内的重金属再通过食物链进入人体或动物体，损害后者健康。利用原子吸收光谱法分析稻壳中的铬（Cr）、镍（Ni）、镉（Cd）、铜（Cu）等4种元素，发现Cr、Ni、Cu元素在稻壳中含量一般高于糙米（杨德毅 等，2020）。所以，稻壳在提取食用成分或当作饲料原料时，应充分考虑产地环境、水稻品种和栽培方式等因素，做好使用源头检测把控，做足超标原料消解措施，保证重金属限量符合国家有关安全标准。

2.1.8 其他用途

稻壳也在土壤改良、活性成分提取、胶黏剂制备、催化剂载体、稳定重金属、固定化酶及制作日用品等方面显现作用和潜力。使用5%和10%的稻壳生物炭添加土壤，显著抑制了酸性农田土壤的N_2O排放，显著促进了土壤的硝化作用和有机碳矿化（杜莎莎 等，2020）。阿魏酸以酯形式存在于稻壳的细胞壁中，使用超高压辅助提取稻壳中阿魏酸，优化了阿魏酸提取条件，在料液比1∶12、NaOH浓度3%、提取压力350MPa、保压时间5min的情况下，得到阿魏酸的最优提取率为2.122mg/g（稻壳）（续京 等，2017）。使用硫酸水解稻壳中的木聚糖，当料液比1∶8、硫酸质量分数1.2%、水解时间120min、温度123℃时，制备D-木糖得率为7.14%，且优化提取后纯度为99.95%（钱朋智 等，2018）。使用正交试验设计提取稻壳总黄酮，考察了乙醇浓度、料液比、浸提温度和时间，得到稻壳总黄酮的最佳提取量（2.33mg/g），并得到总黄酮提取液的稳定性易受金属离子、糖类及食品添加剂影响的结论（刘尧 等，2019）。将稻壳作为原料提取低聚木糖，能获得4.94mg/g的低聚糖（关海宁 等，2019）。稻壳作为原料经液化制备多元醇，在10%的添加量下与低聚物多元醇、二苯基甲烷二异氰酸酯和小分子交联剂共同作用下合成聚氨酯胶黏剂（钟强 等，2016）。将稻壳灰负载氯磺酸作为固体酸催化剂，合成收率为83%～92%（雷英杰 等，2021）。使用稻壳灰稳固化垃圾飞灰重金属，飞灰中Pb、Zn、Cu、Cd会由酸溶态和可还原态转变为稳定的可氧化态或残渣态；在稻壳2%～4%范围内，温热处理样品中重金属浸出浓度较低（谭锦涛 等，2020）。用稻壳做堆肥，在稻壳-鸡粪和磷石膏的有机配合下，堆肥腐熟度和堆肥品质更好（徐智 等，2020）。使用膨化稻壳作为α-淀粉酶的固定化载体，在一定条件下固定化效率达到95.7%，该固定化酶6次循环使用后酶活仍达53.85%，各项性能优于游离酶（夏潇潇 等，2020）。用稻壳制作一次性筷子（图2-4）、牙刷、拖鞋等日用品也是提高其附加值的应用选择（连博琳，2018）。

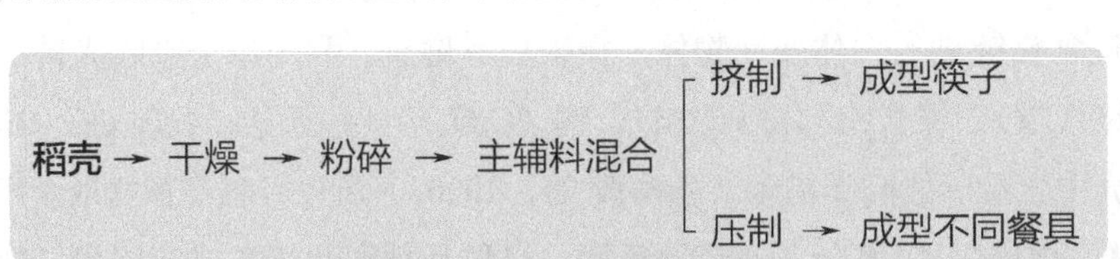

图2-4 稻壳制作餐具工艺流程

2.2 米糠

米糠被称为“天赐营养源”，是稻谷加工成大米过程中的主要副产物，也是糙米的棕褐色皮层部分（包括果皮、种皮、外胚乳、糊粉层、胚），占稻米自身重量的6%～8%，含有大米中64%的营养成分和90%以上的人体必需元素，如蛋白质、脂肪、多糖、膳食纤维、甾醇、生育酚、生育三烯酚、角鲨烯、硫辛酸、神经酰胺、六磷酸肌醇酯等（王雪雅 等，2021；赵志浩 等，2020）。稻谷加工有砻谷和碾米两个基本步骤，通过砻谷脱去稻壳，再经碾米工序剥去的表面糠层和胚乳即为米糠（刘肖丽 等，2016）。为了追求口感和外观，大米加工长期存在过度加工的现象。抛光每增加1次，出米率即会降低，我国的整体稻谷出米率约为65%，比日本低3%～5%，预估加工环节损失率在20%（赵志浩 等，2020）。大米加工过程主要采用三级出白工艺配合二道抛光技术，每次出白或抛光都会产生大量的粉层（皮层）。前两级出白工艺产生的皮层较多，主要用于制备米糠油，后级出白和抛光产生的皮层或丢掉或作为饲料；如增加一道出白工艺并配合二道抛光，产生的6种不同等级的副产物均具有丰富的营养价值（刘齐 等，2017）。

降低米糠品质和限制米糠应用的首要因素是酸败。新鲜米糠短期储藏，酸值、过氧化值、丙二醛、蛋白羰基和巯基含量均会急剧变化（Wu W et al., 2021; Wu X et al., 2020）。造成米糠酸败的直接原因是两种酶的存在——脂肪酶和LOX。脂肪酶是一类能催化酯类物质水解的酶类总称，如酯酶和磷脂酶。LOX是不饱和脂肪酸代谢的关键酶类，可将花生四烯酸、亚油酸及其他不饱和脂肪酸转变为有生物活性的代谢产物。一般而言，完整谷粒中的油脂和酶类分布在不同空间，但经过研磨、破碎或加工，这种彼此隔离且稳定的状态即打破，通过一系列水解、氧化等反应形成自由基和挥发性羰基化合物，使米糠酸价迅速升高。同时，米糠酸败速度与微生物作用、稻谷品种、总酚、总黄酮和总花青素含量有关（高亚楠 等，2021）。因此，米糠的稳定化对其应用而言至关重要，而过热蒸汽、挤压、射频加热、干热处理、湿法挤压膨化、微波、低温冷藏、酶解等方法也是常用的米糠稳定化方法（傅山铖 等，2021；韩思萌 等，2020；于殿宇 等，2020；罗舜菁 等，2020；吴一庄，2020）。

此外，应特别注意的是，米糠用微生物发酵是拓宽米糠加工渠道、提高米糠利用率和改性修饰多糖的一种有效途径，具有降解抗营养因子（Irakli M et al., 2020）、调节油脂脂肪酸组成（Oliveira M D S et al., 2011）、增加氨基酸释放、提高蛋白营养价值、提高酚酸含量（Schmidt C G et al., 2014；Shin H Y et al., 2019）及增加水溶性膳食纤维等多种优势。

2.2.1 提炼米糠油

米糠中脂肪含量为16%～22%，其中含有油酸（40%～50%）、亚油酸（29%～42%）、棕榈酸（12%～18%）、硬脂酸（1%～3%）、豆蔻酸（0.4%～1%）、亚麻酸（<1%）、花生酸（<1%）等的甘油酯，其不饱和脂肪酸达到80%，饱和脂肪酸、单不饱和脂肪酸和多不饱和脂肪酸比例为1∶2.1∶1.8，油酸、亚油酸、亚麻酸等含量在80%以上，还富含谷维素、维生素E、甾醇、角鲨烯等多种活性物质，消化吸收率在90%以上，被认为是有益人体健康的油脂来源。根据国家标准《米糠油》（GB 19112—2003）要求，米糠油分为四个等级，其原油和成品油的质量指标如表2-3和表2-4。

米糠油相关的研究和生产实践，基本围绕着原料质量控制、生产体系建立、关键控制点标准化管理等方面多有报道。通过分析米糠油全产业链（包括稻谷种植和收储，米糠加工和储运，米糠油加工、储运和销售）各环节，确定了米糠油安全生产的关键控制节点、主要检测指标和危害因子；同时，建立并应用安全生产控制方法，可明显降低米糠油的酸值、过氧化值和塑化剂含量，提高油中的谷维素和植物甾醇的含量（吴晓娟 等，2021）。利用固定化脂肪酶催化毛油中游离脂肪酸和酰基受体发生酯化，达到脱酸目的，从而提高油脂得率；当通入氮气、甘油和游离脂肪酸摩尔比1∶3、剪切速度25m/s、时间20min、加酶量50g/kg、甘油中水分含量25%、真空度小于1000Pa等条件下，酯化率达到92.5%（赵晨伟 等，2019）。利用6min微波处理米糠，降低了原料脂肪酶而稳定了酸价，与此对应的是浸提油脂的谷维素含量和脂肪酸组成没有显著影响（$P>0.05$）（余诚玮 等，2020）。利用碱炼脱酸方法，验证了对米糠油中3-氯丙醇酯和缩水甘油酯有一定的脱除作用，但碱炼不利于谷维素、维生素E和甾醇的保留（刘玉兰 等，2020）。工艺流程见图2-5。

表2-3　米糠原油的质量指标

项目	质量指标
气味、滋味	具有米糠原油固有的气味和滋味，无异味
水分及挥发物 /%	≤ 0.20
不溶性杂质 /%	≤ 0.20
酸值（KOH）/（mg/g）	≤ 4.0
过氧化值 /（mmol/kg）	≤ 7.5
溶剂残留量 /（mg/kg）	≤ 100

注：黑体部分指标强制。

表2-4　压榨/浸出成品米糠油的质量指标

项目	质量指标			
	一级	二级	三级	四级
色泽（罗维朋比色 25.4mm）	—	—	黄色值≤ 35，红色值≤ 3.0	黄色值≤ 35，红色值≤ 6.0
色泽（罗维朋比色 133.4mm）	黄色值≤ 35，红色值≤ 3.5	黄色值≤ 35，红色值≤ 5.0	—	—
气味、滋味	无气味、口感好	无气味、口感良好	具有米糠原油固有的气味和滋味，无异味	具有米糠原油固有的气味和滋味，无异味
透明度	澄清、透明	澄清、透明	—	—
水分及挥发物 /%	≤ 0.05	≤ 0.05	≤ 0.10	≤ 0.20
不溶性杂质 /%	≤ 0.05	≤ 0.05	≤ 0.05	≤ 0.05
酸值（KOH）/（mg/g）	≤ 0.20	≤ 0.30	≤ 1.0	≤ 3.0
过氧化值 /（mmol/kg）	≤ 5.0	≤ 5.0	≤ 7.5	≤ 7.5
加热试验（280℃）	—	—	无析出物，罗维朋比色：黄色值不变，红色值增加小于 0.4	微量析出物，罗维朋比色：黄色值不变，红色值增加小于 0.4，蓝色值增加小于 0.5
含皂值 /%	—	—	≤ 0.03	≤ 0.03
烟点 /℃	≥ 215	≥ 205	—	—
冷冻试验（0℃储藏 5.5h）	澄清、透明	—	—	—
溶剂残留量（浸出油）/（mg/kg）	不得检出	不得检出	≤ 50	≤ 50
溶剂残留量（压榨油）/（mg/kg）	不得检出	不得检出	不得检出	不得检出

注：划有“—”者不做检测；黑体部分指标强制。

米糠 → 脱胶 → 脱色 → 脱蜡 → 脱臭 → 脱脂 → 米糠油

图 2-5 米糠油精炼工艺流程（左青 等，2020）

米糠的快速酸败导致米糠利用率不足 10%（余诚玮 等，2020）。故发展米糠油产业，首要问题还是解决米糠原料的稳定化。其次，从产业发展上讲，要引入物联网思维和成熟的物流体系，构建规模化、产地聚集型米糠油加工企业。最后，从工艺提升角度而言，要持续完善和形成在原料收集、毛油处理、关键指标参数控制、副产物处理等标准化流程。

2.2.2 提取和改性米糠多糖

米糠多糖属杂多糖，位于水稻颖果皮层的细胞壁中，常结合于果胶、纤维素和蛋白质等多种物质上，包含木糖、甘露糖、鼠李糖、半乳糖和葡萄糖等单糖残基，多用于乳制品、保健品、食品添加剂、化妆品配方原料当中，具有增强免疫、抗氧化、降血糖、降血脂、降胆固醇等功能。近年来，热水浸提、超声波、微波、酶解、红外辐射、高压脉冲等方法都已应用到制备米糠多糖。工艺流程见图 2-6。

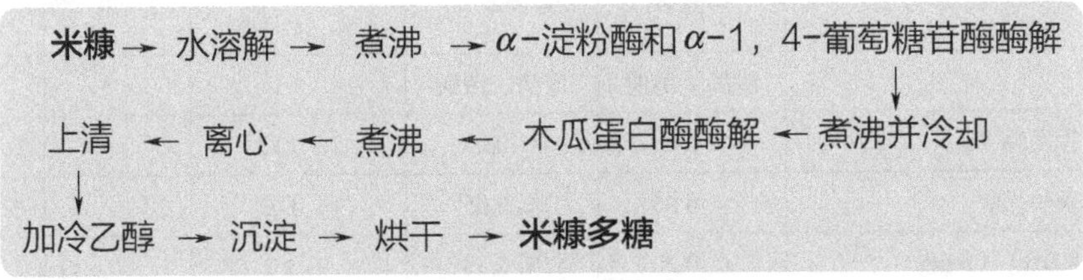

米糠 → 水溶解 → 煮沸 → α-淀粉酶和α-1，4-葡萄糖苷酶酶解
↓
上清 ← 离心 ← 煮沸 ← 木瓜蛋白酶酶解 ← 煮沸并冷却
↓
加冷乙醇 → 沉淀 → 烘干 → 米糠多糖

图 2-6 米糠多糖提取工艺流程（刘倩 等，2020）

米糠多糖的提取率并不高，一般在 0.5% ～ 9% 之间，与提取手段、米糠新鲜度及是否脱脂都有关系，采用不同的提取技术也会影响多糖的营养特性和其他活性。同时研究也发现，米糠多糖的活性与其结构和分子量有着密不可分的关系。采用 2780W/m^2 的红外辐射条件处理新鲜米糠，表层温度 75℃时多糖得率最高，达（0.72±0.02）%，且鼠李糖和甘露糖含量明显提高；表层温度 85℃时多糖中甘露糖含量相对最高，但得率有所降低；而米糠多糖保持着较高的羟自由基和超氧阴离子自由基清除率（严薇 等，2020）。采用酶解工艺提取米糠多糖，以脱脂米糠为原料，优化米糠多糖提取工艺，在 1：15 料液比、3% 淀粉酶、1% 糖化

酶和 3% 胃蛋白酶相继水解 1 ～ 2h，分别在酸性和碱性下 70℃、200W 超声提取 90min 等综合条件下，多糖得率为 8.12%，冻干后得到的粗多糖含 84.2% 的米糠多糖，6.6% 的粗蛋白和 2.1% 的灰分（庄绪会 等，2019）。而以 500mg/（kg·d）米糠多糖量灌胃给予 DSS 诱导炎症的 ICR 小鼠，发现米糠多糖下调了 *TNFa*、*IL-1β*、*Cox-2* 和 *iNOS* 等基因的 mRNA 表达水平，又利用 Western blotting 试验进一步证实抑制炎症因子蛋白表达水平的功效，从而证明米糠多糖的抗炎作用（刘晶 等，2019）。

天然米糠多糖一般存在分子量大、黏度高、活性部位未完全暴露等问题，难以穿过多重生物膜，进而影响吸收及在体内发挥免疫调节等生物活性。为提高生物利用度，通过生物手段进行主链和侧链的修饰改性是常用的办法之一，如增加官能团或降解寡糖片段来增加溶解性。植物乳杆菌（*Lactobacillus plantarum*）发酵米糠粕 72h，米糠多糖含量由 1.40mg/mL 降至 1.0mg/mL，单糖分布比例发生明显改变，1,1-二苯基-2-三硝基苯肼（DPPH）自由基和羟自由基清除率显著提高，分别为 73.26% 和 100%（曹秀娟 等，2015）。通过灰树花（*Grifola frondosa*）菌体合成的糖苷酶水解米糠多糖，分子质量分布（1.1×10^5Da、5.0×10^3Da、2.5×10^3Da）向小分子质量集中，将改性后的米糠多糖饲喂高脂模型中的秀丽隐杆线虫，能够显著降低线虫体内的脂肪增加率，减少 69.7% 以上（刘倩，2020）。使用紫芝（*Ganoderma sinense*）固态发酵全脂米糠（FRB）和脱脂米糠（DRB）制备多糖，两种原料发酵的产物都含有两种多糖组分 GSFPS-1 和 GSFPS-2，其中 GSFPS-2 对 H1299 非小细胞肺癌具有更高的抑制作用；FRB 和 DRB 为原料发酵不同时间后产物中 GSFPS-2 的含量和结构都有很大区别，同时发现在发酵过程中油脂的脂肪酸组成也有很大变化，如图 2-7 至图 2-9 所示（Han W et al., 2021）。

米糠多糖的相关研究是近年来最活跃的研究方向之一，围绕着以下几个方面的工作多有成果：①运用新方法新工艺或多种方法联合方式，提高米糠多糖的提取率；②利用物理、化学或发酵等方法多维度改性米糠多糖，以期获得特殊功能；③改性米糠多糖的功能机制研究。

2.2.3 提取米糠蛋白

米糠中蛋白含量为 8.5% ～ 10%。米糠提油后，经碱液提取和盐析，可提取米

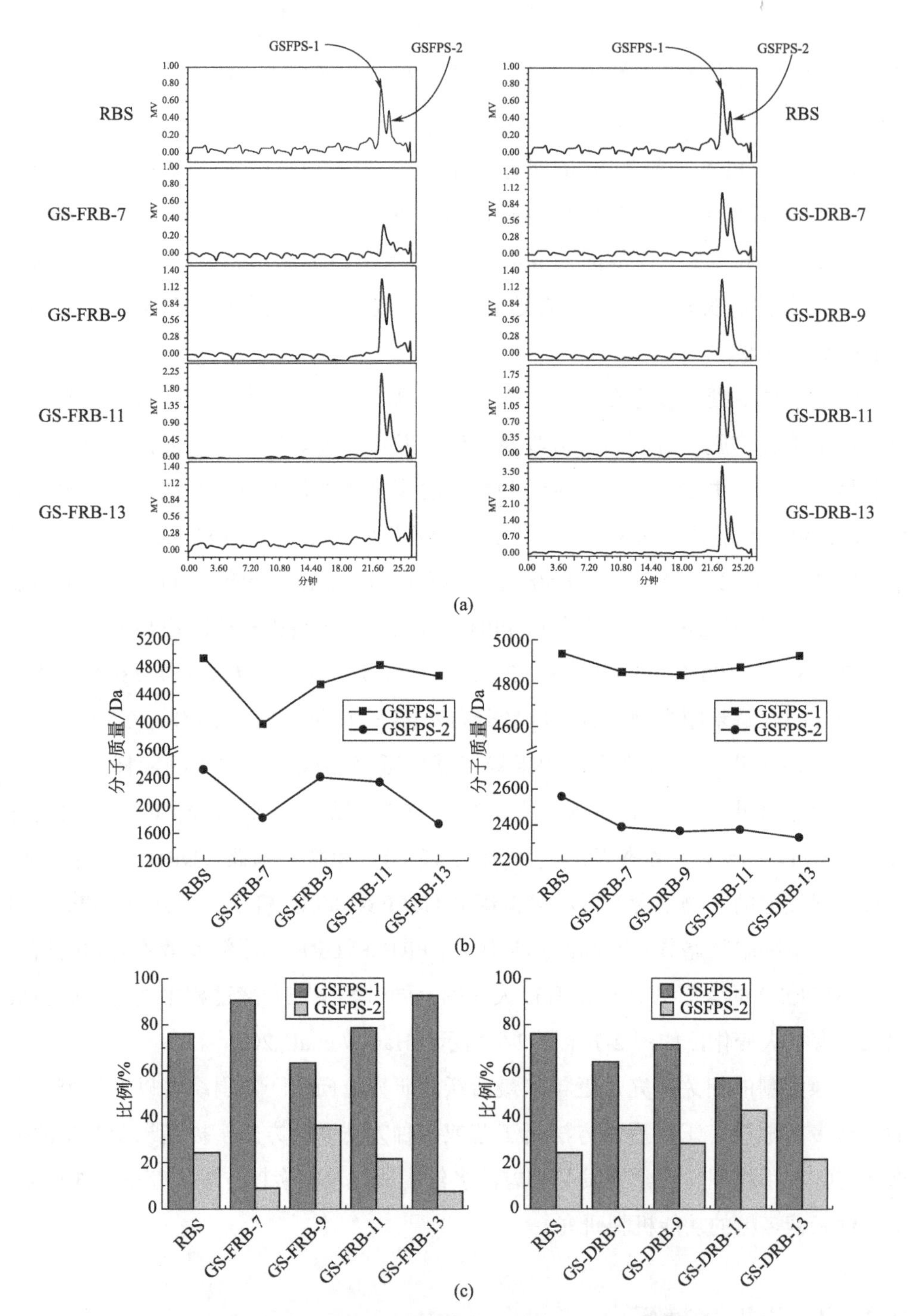

图 2-7　紫芝改性米糠多糖的色谱图和分子质量变化

（a）RBS 和 GS-RB 发酵不同时间后多糖的 HPGPC 色谱图，每个多糖含有两种多糖组分 GSFPS-1 和 GSFPS-2；（b）GSFPS-1 和 GSFPS-2 在不同发酵时间的重均分子质量，在不同发酵时间两种组分的分子质量发生变化；（c）在不同发酵时间两种组分的比例

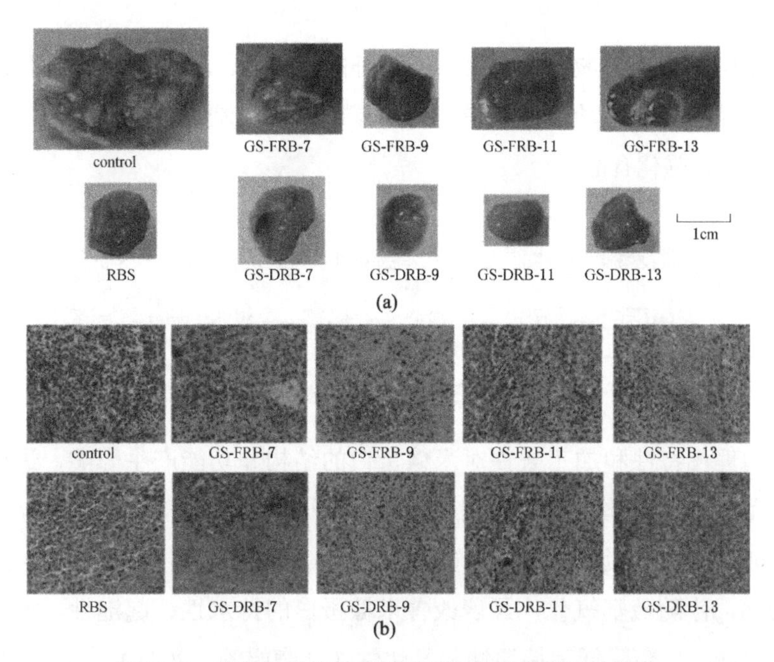

图 2-8　紫芝改性米糠多糖的不同组分抑制肿瘤效果

（a）裸鼠 H1299 实体瘤图，大多数多糖对 H1299 都具有显著的抑瘤活性；（b）裸鼠 H1299 实体瘤切片 HE 染色图，细胞核染色后显深紫色，肿瘤细胞核质比大故颜色深，多糖组可见明显的肿瘤细胞凋亡

肿瘤抑制率顺序由大到小为：GS-DRB-11**(86.81%) > GS-DRB-9**(86.01%) > GS-FRB-9**(84.88%) > GS-DRB-7**(82.21%) > GS-DRB-13**(78.04%) > RBS**(76.06%) > GS-FRB-13**(65.44%) > GS-FRB-11**(64.70%) > GS-FRB-7*(27.87%)

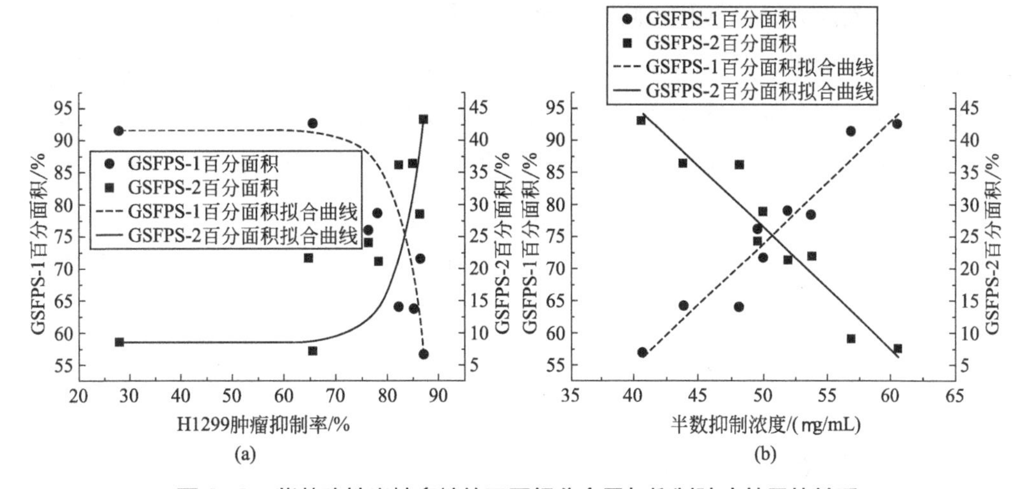

图 2-9　紫芝改性米糠多糖的不同组分含量与抑制肿瘤效果的关系

（a）体内活性试验中 GSFPS-1 百分峰面积（虚线）和 GSFPS-2 百分峰面积（实线）随肿瘤抑制率增加的变化趋势，GSFPS-1 峰面积呈负相关而 GSFPS-2 峰面积呈正相关；（b）体外 MTT 实验中 GSFPS-1 百分峰面积（虚线）和 GSFPS-2 百分峰面积（实线）随 IC_{50} 增加的变化趋势，GSFPS-1 峰面积呈正相关而 GSFPS-2 峰面积呈负相关

糠蛋白（图 2-10），其生物价高，且具有良好的溶解性、乳化性、发泡性及凝胶性，是理想的食品强化剂和功能性蛋白，适用于饮料、肉制品、烘烤食品、婴幼儿辅食和老年人营养强化食品。

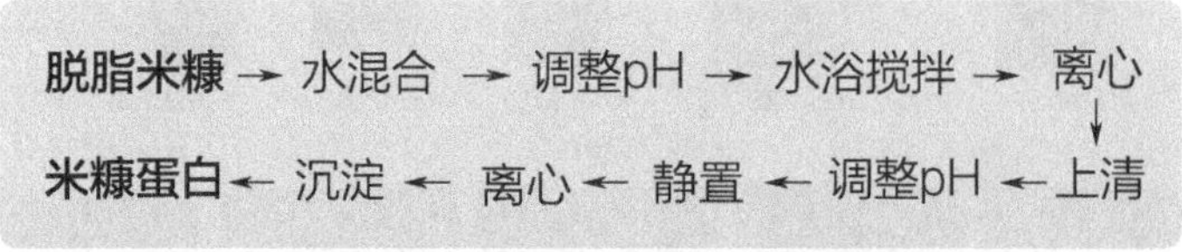

脱脂米糠 → 水混合 → 调整pH → 水浴搅拌 → 离心 ↓
米糠蛋白 ← 沉淀 ← 离心 ← 静置 ← 调整pH ← 上清

图 2-10　米糠蛋白提取工艺流程（吴伟 等，2017）

不同的理化特性和加工条件对米糠蛋白的结构和功能产生影响，进而能拓展它的使用范围。pH 碱性偏移促使米糠蛋白展开，热处理加剧蛋白聚集，而 pH 碱性偏移（pH11）和热处理（50 ～ 60℃）使米糠蛋白二级结构呈现折叠-去折叠-复折叠的变化，伴随巯基氧化，显著改善米糠蛋白的持水性、起泡性、泡沫稳定性和乳化稳定性，也会降低其持油性和乳化性（吴晓娟等，2021）。通过美拉德反应制备米糠蛋白与阿拉伯木聚糖的接枝复合物，接枝度在 34.01% 时该复合物的持水性升高，乳化性及其稳定性改善（赵悦琳 等，2020）。表没食子儿茶素没食子酸酯（EGCG）的添加使米糠蛋白总巯基含量从 41.26nmol/mg 降至 25.99nmol/mg，通过疏水作用、氢键、范德华力，β-折叠和氨基酸残基侧链增加，蛋白表面疏水性下降、内源荧光最大峰位红移，同时诱导米糠蛋白形成共价交联，抑制胃蛋白酶对清蛋白亚基、球蛋白亚基和谷蛋白酸性亚基降解，导致初始消化速率和消化率也在逐渐下降；当 EGCG 米糠蛋白质量比为 0.15∶1 时，持水性、持油性和泡沫稳定性达到最大值，当 EGCG 米糠蛋白质量比为 0.2∶1 时，起泡能力、乳化性和乳化稳定性达到最大值（苗向硕 等，2020；吴伟 等，2021）。丙二醛分子内有两个羰基，可与蛋白质形成更大程度地交联，米糠蛋白的羰基含量、α-螺旋和 β-折叠也随丙二醛氧化诱导浓度增加而增大，蛋白的粒径、多分散指数、浊度和泡沫稳定性逐渐增大，而氧化米糠蛋白的溶解度、表面疏水性、乳化性、乳化稳定性和起泡性逐渐降低（周麟依 等，2019）。同样通过过氧自由基氧化，米糠蛋白的羰基、二硫键和二酪氨酸含量增加，游离巯基含量下降，导致蛋白的溶解性降低，持水性、持油性、起泡能力、泡沫稳定性、乳化性及乳化稳定性均先升后降（尤翔宇等，2019）。超声波处理或与辅助木瓜蛋白酶联合处理，蛋白质结构发生伸展和重组，分子柔性增大，改善米糠蛋白的溶解性和乳化性，也能改善糖基化米糠蛋白纳米乳液的贮藏稳定性（郑丽慧 等，2021；常慧敏 等，2019；常慧敏 等，2020；王霞 等，2019）。利用转谷氨酰胺酶改性米糠蛋白，在蛋白质量分数 12.8%、改性时间 3.2h、加酶量 19.7U/g 的条件下，蛋白质有最佳凝胶硬度，持水力和溶解性增加，乳化性和乳化稳定性、起泡性、泡沫稳定性、持油性均有不同程度地提高（于殿宇 等，2020）。经过空化微射流处理，米糠蛋白的 3D 微观结构、粒径分布、电位、表面疏水性、官能团和二三级结构均有所改变，低压（30 ～ 90MPa）空化微射流提高蛋白的乳化性，高压（120MPa）空化微射流使蛋白聚集、降低乳化性（周麟依 等，2020）。

米糠蛋白利用的主要问题在于提取难度大。米糠中植酸、半纤维素等物质的聚集作用及蛋白中有较多的二硫键，使米糠蛋白不溶于一种普通溶剂，故多种方法结合提取米糠蛋白是研究重点之一（王昕，2020）。

2.2.4 提取米糠膳食纤维

脱脂后的米糠中，膳食纤维含量在 30% ～ 50%，具有很高的生物活性和生理功能，可预防心血管疾病、糖尿病和大肠癌等，可吸收有害农药残留，另外加入大米中也可提高硬度、胶着性和咀嚼性（王炜华 等，2011）。提取工艺流程见图 2-11。

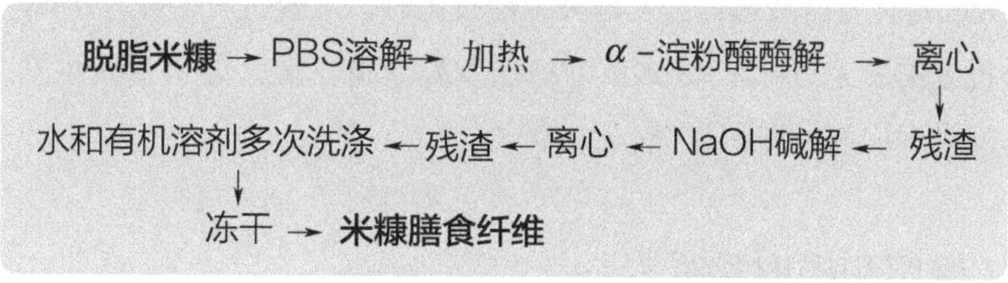

脱脂米糠 → PBS溶解 → 加热 → α-淀粉酶酶解 → 离心 → 残渣 → NaOH碱解 → 离心 → 残渣 → 水和有机溶剂多次洗涤 → 冻干 → **米糠膳食纤维**

图 2-11　米糠膳食纤维提取工艺流程（吴钰 等，2020）

米糠膳食纤维也分为可溶性膳食纤维和不可溶性膳食纤维，但大部分为不可溶性膳食纤维，这样就限制了它的使用和功能作用发挥。因此，改性米糠膳食纤维，提高可溶性膳食纤维比例，成为一项工艺突破的诉求点。蒸汽爆破、复合酶法处理、超声压均质等常用物理化学手段同样适用于米糠膳食纤维改性过程。例如，蒸汽爆破技术采用高温高压蒸汽处理米糠膳食纤维，通过瞬时减压实现成分的分离，其中半纤维素被分解，减少纤维连接的强度，成本低且能耗小。经过蒸汽压力 0.631MPa、维压时间 302.866s 的汽爆条件，可溶性膳食纤维最高得率为

6.987%；通过小鼠饲喂试验证明，该米糠膳食纤维能够降低动物血清中总胆固醇、总甘油三酯、低密度脂蛋白水平，提高高密度脂蛋白水平，增强肝脏中超氧化物歧化酶活力等（付晓康 等，2020；徐田辉 等，2020）。利用纤维素酶和木聚糖酶共同酶解米糠膳食纤维，在加酶量、pH、酶解温度和酶解时间最优化的情况下，可溶性膳食纤维可提高 9.23%，持水力和持油力提升、溶胀力下降；双酶法综合酶解效果优于单酶处理（张光 等，2020）。超高压均质技术常用于液-液、固-液处理，通过高压促物料发生结构变化，最终达到纳米级均质目的。利用超高压均质处理米糠膳食纤维，面筋蛋白二级结构 α-螺旋锐减，维持空间构象的氢键被大量破坏，结构变得松散和微粒化，获得了良好的加工特性（谢凤英 等，2020）。在过热蒸汽稳定米糠基础上，以甜香型米根霉发酵米糠，可溶性膳食纤维得率为 5.83%（张夏秋 等，2020）。绿色木霉发酵脱脂米糠得到的可溶性膳食纤维，通过抑制细胞的葡萄糖苷酶活性，降低小肠上皮细胞葡萄糖转运载体蛋白的表达，抑制碳水化合物水解等途径，延缓葡萄糖吸收和转运，达到降血糖的目的（丁晓萌 等，2020）。

改性米糠膳食纤维多为得到适于食品加工和营养吸收的特性，但即使不进行改性处理，仍有广阔的利用空间。不溶性膳食纤维本身由纤维素、半纤维素、木质素等组成、多具有吸附属性；酶-化学法提取米糠不溶性膳食纤维，纯度可达 85.74%，对 Pb^{2+} 的吸附率可达 96.67%（吴钰 等，2020）。利用米糠发挥纤维本身属性，可作为固定化发酵载体；当发酵酪丁酸梭菌时，丁酸生产率可达 0.48g/（L•h），比游离分批发酵提高 55%，该体系可稳定发酵获得丁酸，亦可直接生产含丁酸钠的纤维基饲料添加剂（周丽春 等，2019）。

2.2.5 保留和提取谷维素

谷维素，是阿魏酸和植物甾醇的结合酯，有效成分为环木菠萝醇类阿魏酸酯，在米糠皮层中含量为 0.3% ～ 0.5%。谷维素常用于食品添加剂、药物、植物生长调节剂及化妆品等。谷维素可抑制胆固醇的吸收和合成，并促进胆固醇的异化和排泄，能降血脂和防治动脉粥样硬化等，同时兼具激素和维生素的双重作用，对神经失调、更年期综合征及脑震荡后综合征有良好的疗效。工艺流程见图 2-12。

米糠原油中谷维素可达 20000mg/kg 以上，居各种植物油之首（Keishna A G G et al., 2001），是提取谷维素的良好原料。采用磷酸法脱胶米糠毛油，在最优化

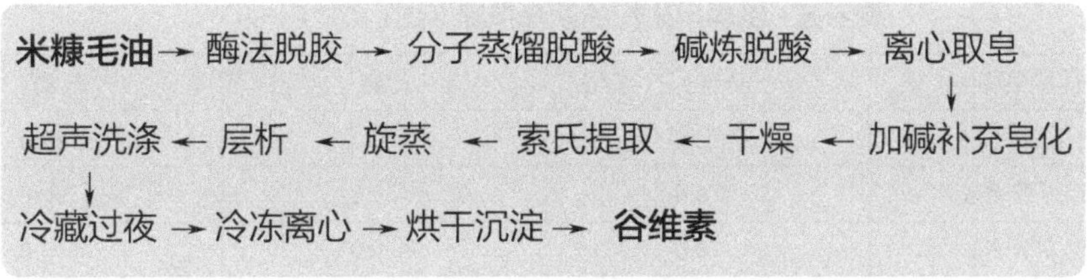

米糠毛油→酶法脱胶→分子蒸馏脱酸→碱炼脱酸→离心取皂
↓
超声洗涤←层析←旋蒸←索氏提取←干燥←加碱补充皂化
↓
冷藏过夜→冷冻离心→烘干沉淀→谷维素

图 2-12　米糠中谷维素提取工艺流程（沈鸿 等，2016）

磷酸和水添加量、脱胶温度和时间的情况下，谷维素损失率仅为 12.22%。以米糠油副产物皂脚为原料，用索氏抽提皂脚浸提物，再采用硅胶柱层析分离纯化谷维素，得到的谷维素浓度为 4.00%，谷维素纯度为 88.5%，总提取率达到 58.7%（沈鸿，2016）。以脂肪酸组成、质构特性、油结合能力及流变性等指标分析，恒温水浴维持 30min，剪切速率 400/s，得到最佳的谷维素型凝胶油制备方法（任美洁，2020）。另外，更多的谷维素保留在油中，是提升米糠油品质和改进炼制工艺的一项重要内容，而脱胶脱酸工艺对谷维素保留尤为重要。米糠毛油进行脱蜡和磷酸-草酸辅助水化脱胶，再联合碱炼脱酸、蒸馏脱酸两段脱酸工艺进行脱酸，其中碱炼脱酸后谷维素含量可达 2.05%，精炼率为 80.05%；蒸馏脱酸后谷维素含量可达 2.16%，精炼率为 92.42%（武家琪 等，2020）。

2.2.6　饲用

米糠，还是压榨取油后的米糠饼或浸提取油后的米糠粕，成分丰富、营养价值和生物效价高，都是用于饲喂畜禽的优质饲料原料（米糠、米糠饼和米糠粕的质量标准如表 2-5 至表 2-7）。以 0% ～ 28% 的脱脂米糠部分代替饲料中的玉米，相比基础日粮组，饲喂脱脂米糠的苏淮猪血清中丙二醛水平显著降低，过氧化氢酶、铜锌超氧化物歧化酶和还原型谷胱甘肽及其与氧化型谷胱甘肽之比等均显著升高，肝脏中低密度脂蛋白受体的 mRNA 表达量显著降低，猪肉剪切力线性显著降低而熟肉率显著增加，可见脱脂米糠替代玉米在一定程度上能够改善动物机体胆固醇代谢、健康水平及肉质水平（高芳芳 等，2020；韩萍萍 等，2020）。以 1.0% 的米糠配以酶制剂加入饲料日粮，三黄肉鸡的日均增重和料肉比显著改善，表观消化率显著提高 10.1% ～ 17.2%，说明米糠能够提高肉鸡的生长性能和养分表观消化率（李灵，2020）。

表2-5　饲料用米糠的质量指标（GB 10371—89）

质量指标	一级	二级	三级
粗蛋白质 /%	≥ 13.0	≥ 12.0	≥ 11.0
粗纤维 /%	＜ 6.0	＜ 7.0	＜ 8.0
粗灰分 /%	＜ 8.0	＜ 9.0	＜ 10.0

表2-6　饲料用米糠饼的质量指标（NY/T 123—2019）

指标	等级		
	一级	二级	三级
粗蛋白质 /%	≥ 14.0	≥ 13.0	≥ 12.0
粗纤维 /%	≤ 8.0	≤ 10.0	≤ 12.0
粗灰分 /%	≤ 9.0	≤ 10.0	≤ 12.0
粗脂肪 /%	≤ 10.0		
水分 /%	≤ 12.0		

表2-7　饲料用米糠粕的质量指标（NY/T 124—2019）

指标	等级		
	一级	二级	三级
粗蛋白质 /%	≥ 16.0	≥ 15.0	≥ 13.0
粗纤维 /%	≤ 8.0	≤ 10.0	≤ 11.0
粗灰分 /%	≤ 9.0	≤ 10.0	≤ 11.5
水分 /%	≤ 12.5		

米糠饲用历史悠久，但最突出的问题仍源于油脂含量高，易酸败，给储存运输、饲料加工、规模化和标准化使用带来了很大挑战。相对成熟且易于实现的利用途径有两个：一是利用低成本物理方法处理技术，将米糠脱脂，使用脱脂米糠规模化配料并形成配方方案。二是大力发展固态发酵加酶解米糠的工艺研究与推广；发酵酶解技术，既能通过微生物、酶及高温分解或钝化米糠中原有酶类，又能增加米糠中可溶固形物、氨基酸、抗菌物质、有机酸、总酚含量并提高品质（刘磊 等，2020；刘元 等，2019；赖晓桦 等，2021）。

2.2.7　其他用途

米糠中含有的植酸、米糠蜡及烷醇类物质、多酚、黄酮等都具有极大的可开发价值，此外米糠可直接开发为食品配料。

（1）提取植酸　植酸，即六磷酸肌醇酯，在植物种子中以植酸钙形式存在。米糠、麦麸、玉米皮中均含有植酸，其中以米糠含量最高，在 10% ～ 11% 之间。通常制法为米糠经酸浸、碱沉、分离、离子交换和脱色等工艺制得（刘晓庚 等，2004）。通过 α-淀粉酶液化、液态发酵、酸浸、碱性蛋白酶酶解、喷雾干燥等手段联用，植酸盐的得率在 6.20%，P_2O_5 含量达到 39.77%，符合药典药用植酸盐的标准（杨旭 等，2020）。通过单因素和响应面优化提取条件，可得到植酸提取率为 8.656%（唐贤华 等，2020）。

（2）提取米糠蜡和烷醇类　米糠蜡是米糠油精炼过程中的副产品，由高级一元醇和高级脂肪酸组成的酯类混合物，在食品、化妆品、高级脂肪醇和凝胶油制备等方面有应用。按米糠蜡 25%、阿拉伯胶 8%、蔗糖酯 2%、苯甲酸 1% 的比例混合加热、乳化得到的保鲜剂，能有效降低南果梨的呼吸，减少水分流失并抑制微生物生长（周子琪，2020）。用米糠蜡制作高级脂肪醇消泡剂，在宽温度范围（4 ～ 55℃）内具有非常低的 TSI 不稳定系数和全天候储存稳定性，完全可代替脂肪醇消泡剂（马朴 等，2021）。

烷醇类，如二十八烷醇和三十烷醇，可以米糠油、胚芽油为原料提取，可广泛用于饮料、糖果、饼干等食品，功能性食品，保健品和化妆品中。主要的生理功能包括：促进性激素作用，改善心肌功能，减轻肌肉疼痛；提高反应灵敏性和应激能力；降低血脂和血压；提高机体代谢率，防止骨质疏松、胃和十二指肠溃疡等（黄秀娟，2005）。从米糠蜡中提取三十烷醇，采用乙醇皂化，在皂化温度为 55℃、反应时间为 8h、氢氧化钠浓度为 3mol/L、乙醇-氯化钙为提取液的条件下，三十烷醇收率为 3.1%（孙蕊 等，2020）。

（3）提取多酚　米糠中有丰富的酚类物质，如阿魏酸、咖啡酸、4-香豆酸、丁香酸等。以甘油为溶剂提取米糠多酚，当甘油的体积分数在 19% 并优化其他提取条件下，多酚最大得率为 700.35mg/100g，其中对羟基苯甲酸 48.53μg/g、香草酸 69.64μg/g、丁香酸 33.63μg/g、4-香豆酸 361.18μg/g、阿魏酸 392.17μg/g 和水杨酸 34.67μg/g（黄皓 等，2019）。利用纤维素酶法得到脱脂米糠中阿魏酸得率为 18.64mg/10g（陈益多 等，2021）。

（4）作为食品配料　当面粉和米糠的比例为 4∶1 时，优化无糖戚风蛋糕工艺，蛋糕综合评分可为 29.86，口感细腻、品质佳（易碧清 等，2020）。在面包配方中加入15%的米糠和一定量的木聚糖酶，面团有较好黏弹性，比容、质构、硬化速率、气孔结构等明显改善，总体感官评分高（孟祥平 等，2020）。在曲奇配方中加入15%～20%的米糠，饼干香味得分较高，而考虑到综合品质，配方中加入15%的米糠时，烘烤损失率低，香味、色泽、营养品质俱佳（郑洋洋 等，2020）。

2.3 碎米

碎米，稻谷在脱壳、碾米过程中产生的破碎米粒，包括皮层、胚乳、胚三部分，有时稻米加工破碎率可超20%，其值与加工工艺、设备、稻谷品种和等级等都有关系。与完整的大米相比，碎米也以淀粉成分为主，营养成分和价值甚至更丰富。

碎米是稻谷加工中极力避免和减少的副产品（朱建武 等，2018）；但它可开发包括大米粉、大米淀粉、大米蛋白、多孔淀粉、抗性淀粉、脂肪替代物、淀粉糖浆等在内的一系列产品。以其中的大米蛋白为例，作为第二代植物蛋白中佼佼者，已广泛用于运动营养补充剂、蛋白棒、高蛋白冰激淋和酸奶等产品。食用碎米及啤酒用碎米的质量指标见表2-8和表2-9。

表2-8　食用碎米的质量指标（LS/T 3246—2017）

项目		指标要求	
		长粒米碎米	中短粒米碎米
小碎米含量/%		≤5	≤3
整精米含量/%		≤5	
大碎米含量/%		≤80	
杂质	总量含量/%	≤0.3	
	其中矿物质含量/%	≤0.02	
	糠粉含量/%	≤0.15	
	带壳稗粒/（粒/kg）	≤5	
不完善粒含量/%		≤4.0	
互混含量/%		≤5.0	
黄粒米含量/%		≤1.0	
水分含量/%		≤14.0	
色泽、气味		正常	

表2-9 啤酒用碎米的质量指标（T/LNSLX 016—2021）

项目		碎米
水分含量 /%		≤ 14.5
加工精度		精碾
生霉粒		不得检出
黄粒米含量 /（粒 /100g）		45.0
通过 2mm 圆孔筛的碎米		—
杂质	杂质总量 /%	≤ 0.4
	其中无机杂质含量 /%	≤ 0.05
	糠粉 /%	≤ 0.25
	草籽 /（粒 /kg）	≤ 70
色泽、气味		正常

2.3.1 制备大米淀粉

碎米与大米的表观完整度不同，以淀粉为主要成分，约占其干物质的 90%，具有糊化后吸水快、质构柔滑、类脂肪的口感及易于涂抹等特点。大米淀粉的消化率为 98% ～ 100%，加之与大米淀粉结合的蛋白具有完全非过敏性，可用于婴幼儿食品和部分特殊食品（施蕾，2013）。

制备大米淀粉的方法主要有碱浸法、酶法、表面活性剂法、超声波法等（Kaura L et al., 2005）。采用超声波辅助酶法提取抗性淀粉，提取率为 51.99% ～ 98.56%（祝水兰 等，2019；祝水兰 等，2018）。在超声时间 25min、超声功率 450W、温度 40℃、pH4.0、淀粉酶∶糖化酶 =1∶5、加酶量 1.4%、酶解时间 14h 的综合条件下，吸油率可达 105.33%，且没有改变淀粉的典型结构（吴丽荣 等，2020；吴丽荣，2020）。另外，大米淀粉变性也能带来特殊的功能。在反应时间 3h、pH 8.5、反应温度 35℃、淀粉乳浓度 35% 及辛烯基琥珀酸酐用量 2% 时，碎米淀粉与辛烯基琥珀酸酐酯化生成酯化取代度较为合适的辛烯基琥珀酸淀粉酯，是一种典型的慢消化淀粉，低取代度时可任意比例加入食品（刘加艳 等，2019）。

2.3.2 提取大米蛋白

大米中蛋白质含量为 7% ～ 9%，赖氨酸含量相对较高。大米蛋白的特点主要体现在三个方面：一是营养价值高；大米生物价达 77，可以与鱼（生物价 76）、虾（生物价 77）及牛肉相媲美，消化率和净蛋白质利用率也分别达到 87.3%、75.7%，氨基酸组成非常接近 WHO 推荐的理想模式。二是低过敏性；许多植物蛋白都含有对人体有害抗营养因子，大米是唯一免于过敏试验的植物蛋白。三是风味纯正；大豆蛋白、豌豆蛋白都有非常明显的豆腥味。

超声波法和酶法提取是常用的提取大米蛋白的方法。以籼米碎米和金针菇菌根原料（比例 9∶2），在超声提取功率 500W、提取温度 50℃、碱提料液比 1∶20（g/mL）、提取时间 25min，提取率为（69.30±1.30）% 的条件下，获得的蛋白纯度达到（80.07±0.63）%（王灵玲 等，2019）。用超声波辅助碱法提取碎米蛋白，在 NaOH 质量浓度 0.4%、固液比 1∶8（g/mL）、提取时间 2h 的条件下，碎米蛋白提取率为 70.79%，且溶解性得以明显改善（祝水兰 等，2018）。以碎米为原料，以水解度为指标，优化温度、底物质量分数、酶添加量、pH 为响应因子等，水解度的实际值为 25.2%，在此条件下得到的碎米蛋白肽具有显著的羟自由基和超氧自由基清除能力（李超楠 等，2018）。

虽有上述优势且来源丰富，但国内大部分大米蛋白仍作为饲料原料低值利用，其主要原因是大米蛋白中 80% 以上是水溶性低的大分子谷蛋白，影响其加工性能和应用范围，导致长期以来食品级大米蛋白仅占植物蛋白市场份额的较少比例。故提纯精制技术、蛋白适度酶解技术、低聚蛋白肽生产技术、稻米及大米蛋白安全控制技术等在大米蛋白的利用过程中有很大的产业化应用空间并亟待进一步突破。

2.3.3 其他用途

碎米是制作米类食品、强化食品、饲料原料，或制造酒、醋，或制备麦芽糖醇、山梨醇（图 2-13）、果葡糖浆等的优良原料（吴书洁 等，2020）。使用双螺杆挤压，在喂料速度固定为 400g/min、机筒温度为 130℃、物料水分为 21%、螺杆转速为 230r/min 的参数条件下，米粉膨化效果理想，适宜粉碎，产品孔隙度均匀一致（迟吉捷，2020）。利用粳米碎米为原料，使用挤压法制备富含钙元素的重组强化大米，在最佳工艺条件下得到的钙强化大米的硬度、弹性、黏着性、咀嚼性均接近普通粳米的质构特性（于殿宇 等，2018）。以莲子、香菇、碎米为主要原料，通过挤压重组技术，开发一款全蛋白营养米，氨基酸评分接近 100 分，氨基酸模式最为接近理想蛋白模式；感官评分为80.26分，接近普通大米感官品质（张亮 等，2021）。以碎米和马铃薯粉为原料，通过双螺杆挤压方式并经过科学的配比研制出马铃薯方便米饭，当用开水浸泡9min后即可接近市售米饭的食用品质（蔡乔宇 等，2018）。采用碎米粉、高筋小麦粉为主要原料，在碎米粉添加量21%、酵母添加量1.0%、食盐添加量1.5%、水添加量46%的条件下，感官评分为92.8分，配制的碎米粉面包色泽、口感、香气适宜（阮雁春 等，2020）。以碎米为主要原料，接种5%的直投式酸奶发酵剂恒温发酵，制成的碎米乳酸饮料的总糖含量为4.25%，还原糖含量为2.6g/100g，乙醇含量为2.03 %，可溶性固形物的含量为15.73 %，酸度为pH ≤ 4.89，乳酸菌活菌数为5.9×10^{3}CFU/mL（朱蕊芳 等，2018）。相比玉米-豆粕型饲粮，碎米-米糠型饲粮饲喂生长肥育宁乡猪，其平均日采食量和平均日增重显著提高、料重比显著降低，同时胴体斜长和胴体直长显著增加（龙际飞 等，2020）。

碎米 → 磨浆调浆 → 喷射、液化、灭酶 → 糖化 → 过滤
↓
山梨醇 ← 离子交换、浓缩 ← 氢化 ← 脱色、过遗、离子交换

图2-13 碎米制备山梨醇工艺流程（岳婉婷，2018）

参考文献

蔡乔宇，陈轩，周梦舟，等，2018. 双螺杆挤压法制备马铃薯方便米饭的研究[J]. 粮食与饲料工业，6：15-22.

蔡小波，林杨，杨平，等，2020. 不同品种稻壳对酿酒生产的影响研究[J]. 酿酒科技，317（11）：75-80+97.

曹秀娟，熊健，刘倩，等，2015. 植物乳杆菌发酵米糠粕多糖分析及发酵饮料的制备[J]. 粮油食品科技，23（5）：90-96.

常慧敏，田少君，丁芳芳，2020. 米糠蛋白的超声改性及在亚麻籽油微胶囊中的应用研究[J]. 河南工业大学学报（自然科学版），41（1）：19-25.

常慧敏，杨敬东，田少君，2019. 超声辅助木瓜蛋白酶改性对米糠蛋白溶解性和乳化性的影响[J]. 中国油脂，44（4）：35-40.

陈佩，吴奥，别如山，2019. 预处理稻壳流化床燃烧制备纳米SiO_2的小试试验[J]. 哈尔滨工业大学学报，51（3）：46-54.

陈小平，2018. 浅谈新型稻壳气化发电技术[J]. 建筑工程技术与设计，30：392.

陈益多，顾钱伟，倪忞，等，2021. 酶法提取米糠中阿魏酸的工艺研究[J]. 山东化工，50（4）：

12-14.
迟吉捷，2020. 挤压膨化法生产碎米米粉的工艺条件优化 [J]. 辽宁农业科学，（2）：42-45.
大米 . GB/T 1354—2018[S].
丁晓萌，侯坤友，胡晓祎，等，2020. 脱脂米糠可溶性膳食纤维对小肠葡萄糖吸收和转运的影响及其作用机制 [J]. 食品科学，41（1）：183-189.
杜莎莎，王朝旭，2020. 氨氧化过程中稻壳生物炭抑制酸性农田土壤 N_2O 排放 [J]. 中国环境科学，40（1）：85-91.
付晓康，苏玉，黄亮，等，2020. 蒸汽爆破-超微粉碎对米糠膳食纤维结构和功能性质的影响 [J]. 中国粮油学报，35（4）：142-150.
傅山铖，相海，陈作江，等，2021. 米糠湿法挤压膨化保鲜工艺发展现状 [J]. 农业工程，11（4）：72-75.
高芳芳，李平华，郑卫江，等，2020. 不同水平脱脂米糠部分替代玉米对苏淮猪氧化还原水平和胆固醇代谢的影响 [J]. 动物营养学报，32（2）：626-635.
高亚楠，时广明，赵倩倩，等，2021. 米糠的营养价值及酸败机制研究进展 [J]. 动物营养学报，33（3）：1318-1329.
龚香宜，熊武芳，连婉，等，2020. 稻壳生物炭对水中萘的吸附特性研究 [J]. 应用化工，49（9）：2154-2158.
关海宁，赵晓伟，刁小琴，等，2019. 响应面优化微波结合木聚糖酶制备稻壳低聚木糖工艺研究 [J]. 中国酿造，38（1）：129-133.
郭晓琳，邢鹏飞，孟凡兴，等，2019. 浅谈稻壳制备高纯硅的研究进展 [J]. 铁合金，281(6)：43-48.
韩萍萍，高琛，李平华，等，2020. 不同脱脂米糠水平日粮对苏淮猪酮体形状及肉品质的影响 [J]. 畜牧兽医学报，51（4）：783-793.
韩思萌，刘昆仑，陈复生，等，2020. 干热处理对米糠储藏期脂肪酸、过氧化值及丙二醛变化的影响 [J]. 食品研究与开发，41（7）：31-36.
胡冬，方明，张琪，等，2020. 利用固废制备白炭黑的方法及研究进展 [J]. 中国资源综合利用，38（10）：107-109.
胡小金，杨涛，刘三举，等，2021. 循环流化床气化温度对稻壳气化固相产物特性的影响 [J]. 生物质化学工程，55（3）：23-28.
黄皓，王珍妮，李莉，等，2019. 甘油水溶液提取米糠多酚绿色工艺优化及多酚种类鉴定 [J]. 农业工程学报，35（4）：305-312.
黄秀娟，2005. 以粮油加工副产物为原料的功能性食品生产与开发 [J]. 粮油加工与食品机械，8：74-77.
姜俊芳，柳俊超，吴建良，等，2020. 笋壳和稻壳混合青贮品质动态变化研究 [J]. 浙江农业学报，32（10）：1757-1763.
赖晓桦，邓甜，胡经飞，等，2021. 米糠发酵产物抑制 α-葡萄糖苷酶的工艺优化 [J]. 食品工业科技，4：128-134.

郎定常，何翠容，李万群，等，2020. 基于模糊数学的酿酒辅料稻壳综合评价方法 [J]. 酿酒科技，318（12）：25-29.

雷英杰，丁玫，吴新世，2021. 稻壳灰负载氯磺酸催化吡喃并 [2,3-d] 嘧啶的合成及抗菌活性研究 [J]. 化学研究与应用，33（6）：1064-1069.

李超楠，鹿保鑫，王长远，等，2018. 响应面优化碎米蛋白水解及多肽抗氧化研究 [J]. 中国食品添加剂，8：82-89.

李灵，2020. 饲粮中添加米糠和酶制剂对肉鸡生长性能及养分表观消化率的影响 [J]. 中国饲料，11：54-56.

李思琦，刘大晨，汤鑫，2020. 稻壳灰纳米白炭黑对天然橡胶复合材料性能的影响 [J]. 橡胶科技，18（11）：611-618.

李玉英，喇录忠，孙海浪，等，2021. 青稞酒酿造过程中稻壳精选清蒸工艺的研究 [J]. 酿酒，48（2）：92-95.

连博琳，2018. 一次性稻壳筷子生产工艺研究 [J]. 林业科技，43（2）：54-56.

林美珊，陈玉，陈婷，2020. 稻壳灰对水体中 Cu^{2+} 的吸附性能 [J]. 武汉工程大学学报，4(1)：38-44.

刘化，2010. 大米加工企业稻壳发电发展现状 [J]，粮食与饲料工业，2：1-3.

刘加艳，任宇鹏，2019. 低取代度碎米淀粉辛烯基琥珀酸酯的工艺分析 [J]. 广州化工，47（18）：51-53+89.

刘晶，郭婷，郭天一，等，2019. 米糠多糖通过 MAPK 通路抑制 DSS 诱导的小鼠结肠炎症 [J]. 食品与机械，207（35）：32-40.

刘磊，冉玉兵，张名位，等，2020. 乳酸菌发酵对脱脂米糠营养成分的影响 [J]. 中国食品学报，20（1）：118-126.

刘齐，熊万斌，刘张虎，等，2017. 大米加工过程各级副产物营养价值的研究 [J]. 现代食品，2：92-94.

刘倩，魏涛，范誉川，等. 一种具有降脂活性的米糠多糖及其制备方法 [P]. 中国：202010602634. X，2020-06-29.

刘卫义，沙均响，刘建芝，等，2019. 一种测定酿酒辅料稻壳中糠醛含量的方法 [J]. 酿酒，46（4）:110-111.

刘肖丽，袁效培，叶耀根，2016. 试论稻谷加工及其米糠副产物的综合开发 [J]. 粮食问题研究，2：43-46.

刘晓庚，杨国峰，陶进华，等，2004. 我国主要粮食副产物功能性成分及其利用研究进展（下）[J]. 粮食与油脂，（5）：14-17.

刘绪，张华玲，常少健，等，2015. 白酒酿造中稻壳功能的探讨 [J]. 酿酒科技，251（5）：21-25.

刘艳华，金璐，薛北辰，等，2018. 沥青改性稻壳基活性炭的制备及电化学性能 [J]. 高等学校化学学报，39（6）：1242-1248.

刘尧，谢嘉馨，王磊，2019. 稻壳中总黄酮的提取工艺及其稳定性研究 [J]. 粮食与油脂，32（5）：7-10.

刘玉兰，李泽泽，陈文彦，等，2020. 不同酸价米糠毛油碱炼脱酸过程甘油酯组成及 3-氯丙醇酯和缩水甘油酯含量的变化 [J]. 食品科学，41（6）：25-30.

刘元，王玥玮，张丽娟，2019. 米糠发酵产 γ-氨基丁酸条件优化的研究 [J]. 食品研究与开发，40（18）:150-153.

龙际飞，龙次民，樊祥宇，等，2020. 大米加工副产物对宁乡猪生长性能、胴体品质、肉品质及肠道黏膜形态的影响 [J]. 动物营养学报，32（1）：92-98.

罗舜菁，胡迪，黄克愁，等，2020. 过热蒸汽处理对米糠营养性质和储藏稳定性的影响 [J]. 中国食品学报，20（5）：213-221.

吕仁龙，胡海超，李茂，等，2019. 不同比例稻壳对发酵型全混合日粮品质的影响 [J]. 家畜生态学报，40（11）：39-44.

马朴，黄军，郭丽芳，等，2021. 米糠蜡基脂肪醇消泡剂的制备及其性能 [J]. 中华纸业，42（3）：15-19.

孟祥平，栾广忠，孙华幸，等，2020. 木聚糖酶对米糠面团特性及面包烘焙品质的影响 [J]. 食品与发酵工业，46（16）：190-195.

米糠油 . GB 19112—2003[S].

苗向硕，吴伟，吴晓娟，2020. 表没食子儿茶素没食子酸酯对米糠蛋白结构和功能性质的影响 [J]. 中国粮油学报，35（3）：52-59.

酿酒用稻壳质量技术规范 .T/AHF IA 009—2018[S].

啤酒用大米、碎米 .T/LNSLX 016—2021[S].

钱朋智，张梅娟，2018. 稻壳水解生产 D-木糖工艺研究 [J]. 农产品加工，450（2）：29-32.

任洁青，王朝旭，张峰，等，2021. 改性稻壳生物炭对水中 Cd^{2+} 的吸附性能研究 [J]. 生态与农村环境学报，31（1）：73-79.

任美洁，2020. 基于米糠油油溶剂制备植物甾醇 +γ-谷维素型凝胶油研究 . 现代食品，18：122-124.

阮雁春，陈礼福，赵佳佳，2020. 碎米粉面包生产工艺的研究 [J]. 粮食与油脂，33（8）：27-30.

沈鸿，张培培，庞敏，等，2016. 响应面法优化柱层析工艺提取米糠油皂脚中的谷维素 [J]. 粮食与油脂，29（7）：55-61.

施蕾，2013. 稻米副产物加工利用进展及对策 [J]. 恩施职业技术学院学报（综合版），25（1）：33-36.

时军，林楠，林海波，等，2020. 氮掺杂稻壳基多孔碳的制备及其氧化还原反应的电催化性能 [J]. 新型碳材料，35（4）：401-409.

饲料用米糠 .GB 10371—89[S].

饲料原料 米糠饼 .NY/T 123—2019[S].

饲料原料 米糠粕 .NY/T 124—2019[S].

碎米 .LS/T 3246—2017[S].

孙东宝，路琴，陆鑫宇，等，2021. PLA/ 稻壳粉复合材料界面改性方法及性能研究 [J]. 中国塑料，35（6）：80-84.

孙蕊，丛玉凤，苏建，等，2020. 溶剂萃取米糠蜡及提取三十烷醇 [J]. 辽宁石油化工大学学报，40（6）：6-9.

谭锦涛，吴新，李军辉，等，2020. 稻壳灰中温热处理稳固化垃圾飞灰重金属 [J]. 中国环境科学，40（7）：3054-3060.

唐贤华，张崇军，田伟，等，2020. 响应面法优化米糠中植酸的提取工艺 [J]. 江苏调味副食品，163（4）：21-26.

田宇清，刘金玉，2020. 稻壳 SiO_2 的制备和性能研究 [J]. 辽宁化工，49（7）：749-751.

田雨，刘晓刚，赵玉，等，2020. 稻壳炭制备工艺参数对吸附性能的影响 [J]. 农业工程学报，36（24）：211-217.

汪知文，李碧雄，2020. 稻壳灰用于水泥混凝土的研究进展 [J]. 材料导报，34（5）：09003-09011.

王刚，2021. 掺稻壳灰 / 硅灰混凝土的性能研究 [J]. 混凝土与水泥制品，298（2）：101-104.

王谷怡，于红卫，洪郑，等，2020. 纯稻壳板制造工艺与性能研究 [J]. 林产工业，57（5）：28-33.

王灵玲，潘鑫，方勇，等，2019. 超声波辅助同步提取籼米和金针菇混溶蛋白的工艺优化及其营养特性 [J]. 食品科学，40（14）：283-288.

王圣保，杨立新，2011. 我国稻壳生物质能源发电技术应用与产业发展规划研究 [J]. 农机化研究，9：10-14.

王炜华，黄丽，刘成梅，等，2011. 米糠膳食纤维对强化大米质构的影响 [J]. 食品与机械，27（3）：16-18.

王霞，康维良，鹿保鑫，等，2019. 糖基化米糠蛋白纳米乳液的超声制备工艺优化及性质研究 [J]. 中国食品学报，19（4）：101-202.

王晓峰，杨晓敏，朱燕超，等 . 一种稻壳热解发电及综合利用方法 [P]. 中国：201910861159.5，2019-11-08.

王昕，2020. 米糠蛋白利用的研究进展 [J]. 现代食品，18：65-67.

王雪雅，李文馨，肖蓓，等，2021. 不同等级米糠的品质评价 [J]. 贵州农业科学，40（6）：183-186.

吴丽荣，2020. 碎米多孔淀粉的超声酶法制备及功能成分的包埋应用 [D]. 宁夏大学 .

吴丽荣，叶兴乾，田金虎，等，2020. 超声辅助复合酶法制备碎米多孔淀粉及结构比较 [J]. 中国粮油学报，35（6）：120-126.

吴书洁，陈凤莲，张欣悦，等，2020. 碎米及其产品的研究进展 [J]. 现代食品，22：36-39+42.

吴伟，蔡勇建，吴晓娟，等，2017. 米糠贮藏时间对米糠蛋白结构的影响 [J]. 现代食品科技，33（1）：173-178.

吴伟，苗向硕，吴晓娟，2021. 表没食子儿茶素没食子酸酯对米糠蛋白体外胃蛋白酶消化性质的影响 [J]. 中国粮油学报，36（3）：35-40.

吴晓娟，王晓婵，张佳妮，等，2021. pH 碱性偏移结合热处理对米糠蛋白结构和功能性质的影响 [J]. 食品科学，42（4）：23-30.

吴晓娟，吴伟，2021. 米糠油安全生产标准方法的研究与实践 [J]. 食品与机械，37（5）：89-94+110.

吴彦，平巍，王翔，等，2019. 稻壳粉添加剂提高污泥的脱水效果研究 [J]. 农业工程学报，35（2）：229-234.

吴一庄，2020. 米糠稳定化的研究进展 [J]. 广东饲料，29（8）：44-46.

吴钰，张聪男，吴青兰，等，2020. 米糠不溶性膳食纤维的提取及吸附铅离子探究 [J]. 中国食品学报，20（2）：154-161.

武家琪，肇立春，张俊杰，等，2020. 提高米糠油中谷维素含量的脱酸工艺研究 [J]. 中国油脂，45（5）：27-31.

夏潇潇，陈群，湛琴琴，等，2020. 膨化稻壳的结构表征及固定化 α-淀粉酶的研究 [J]. 合肥工业大学学报（自然科学版），43（11）：1556-1562.

谢凤英，赵玉莹，雷宇宸，等，2020. 超高压均质处理的米糠膳食纤维粉对面筋蛋白结构的影响 [J]. 中国食品学报，20（11）：115-121.

徐田辉，苏玉，黄亮，等，2020. 蒸汽爆破-超微粉碎米糠膳食纤维对 2 型糖尿病小鼠的降血糖作用 [J]. 中国粮油学报，35（10）：9-15.

徐智，张勇，陈雪娇，等，2020. 稻壳-鸡粪好氧高温堆肥体系中磷石膏消纳能力的研究 [J]. 农业工程学报，36（1）：208-213.

续京，朱桂知，张月梅，2017. 超高压辅助提取稻壳基阿魏酸的工艺研究 [J]. 湖北农业科学，56（17）：3320-3322.

闫文杰，熊源泉，杨思源，等，2021. 稻壳白炭黑负载 Fe_2O_3 的气相芬顿反应 NO 预氧化 [J]. 化工进展，40（7）：4027-4035.

严薇，邓丽莎，王燕，等，2020. 基于红外辐射处理的米糠多糖组分、提取率及抗氧化活性的影响 [J]. 食品科学，41（15）：158-163.

杨德毅，刘莉，马婧妤，等，2020. 稻壳和糙米中 4 种重金属含量的关系 [J]. 浙江农业科学，61（4）：779-780.

杨旭，张志平，王光路，等，2020. 脱脂米糠联产丁醇、植酸盐、米糠蛋白和米糠膳食纤维工艺的研究 [J]. 轻工学报，35（1）：21-27.

易碧清，钟志惠，贾洪锋，等，2020. 响应面法优化无糖米糠戚风蛋糕工艺 [J]. 粮食与油脂，33（4）：80-83.

尤翔宇，黄慧敏，吴晓娟，等，2019. 过氧自由基氧化对米糠蛋白结构和功能性质的影响 [J]. 食品科学，40（4）：8.

于殿宇，郝凯越，程杰，等，2020. 射频处理提高米糠稳定性及其对品质的影响 [J]. 食品科学，41（20）：20-26.

于殿宇，王彤，唐洪琳，等，2018. 挤压法制备富钙强化重组大米的工艺优化及其结构表征 [J]. 农业工程学报，34（22）：291-298.

于殿宇，张欣，邹丹阳，等，2020. 酶法改性对米糠蛋白凝胶硬度及功能性质的影响 [J]. 中国食品学报，20（9）：139-146.

余诚玮，胡蓉，付泽建，等，2020. 微波处理对米糠油品质的影响 [J]. 中国食品学报，20（1）：141-146.

岳婉婷，2018. 碎米替代玉米制取山梨醇工艺分析 [J]. 中国科技投资，6：350.

张光，吕铭守，张思琪，等，2020. 米糠膳食纤维双酶法改性研究 [J]. 包装与食品机械，38（5）：13-18.

张家荣，贾毅伟，陈果，等，2020. 稻壳制备石墨化碳研究 [J]. 南昌大学学报（工学版），42（2）：124-128.

张亮，戚家慧，李瑞红，等，2021. 全蛋白挤压复配米配方的研究 [J]. 食品工业科技，42（11）：156-161.

张夏秋，刘丽娅，王丽丽，等，2020. 米根霉发酵米糠工艺优化及其益生活性研究 [J]. 核农学报，34（10）：2280-2289.

章博，2019. 微波下氯化锡催化稻壳纤维素制备五羟甲基糠醛 [D]. 南昌大学 .

章旭，许丹，熊源泉，2020. 水热预处理对稻壳焦热电性能的影响 [J]. 化工进展，39（7）：2632-2638.

赵晨伟，王勇，李明祺，等，2019. 米糠毛油酶法脱酸的工艺优化 [J]. 中国油脂，44（4）：17-20.

赵悦琳，田忠华，刘东旭，等，2020. 米糠蛋白-阿拉伯木聚糖接枝复合物制备及其功能性质研究 [J]. 食品工业科技，41（17）：193-198.

赵志浩，邓媛元，魏振承，等，2020. 大米适度加工和副产物综合利用现状及展望 [J]. 广东农业科学，47（11）：144-152.

郑丽慧，周晓瑞，汪洋，等，2021. 不同处理方式对米糠蛋白溶解性的影响研究 [J]. 现代面粉工业，（1）：29-32.

郑学斌，2020. 稻壳灰二氧化硅（RHAS）的制备、表征及在菜籽油脱胶中的作用 [J]. 中国油脂，45（2）：54-58.

郑洋洋，任传顺，付敏，等，2020. 干热稳定化米糠对大米曲奇饼干品质特性的影响 [J]. 河南工业大学学报（自然科学版），41（2）：8-12+18.

钟强，李旭宾，陈爽，等，2016. 稻壳液化产物用于聚氨酯胶黏剂的制备与性能 [J]. 化工进展，36（3）：780-786.

周丽春，朱建忠，王文广，等，2019. 米糠纤维床反应器固定化发酵产丁酸的研究 [J]. 食品与生物技术学报，38（2）：140-144.

周麟依，孙玉凤，吴非，2019. 丙二醛氧化对米糠蛋白结构及功能性质的影响 [J]. 食品科学，40（12）：98-107.

周麟依，王辰，王中江，等，2020. 空化微射流对米糠蛋白热聚集体结构及特性的影响 [J]. 农业机械学报，51（3）：341-349.

周显青，潘鹏云，张玉荣，等，2020. 基于稻壳灰的高纯度白炭黑制取工艺优化及其性能分析 [J]. 河南工业大学学报（自然科学版），41（3）：47-52+64.

周子琪，2020. 米糠蜡涂膜保鲜剂对南果梨保鲜效果的研究 [J]. 吉林蔬菜，2：59-62.

朱建武，雷艳清，颜俊，2018. 提高碾米机碾白精度降低碎米率方法的研究 [J]. 粮食科技与经济，43（3）：83-85.

朱蕊芳，臧延青，于长青，2018. 碎米乳酸发酵饮料的研制 [J]. 食品研究与开发，39（12）：59-61.

祝水兰，刘光宪，周巾英，等，2018. 碎米蛋白提取及高剪切辅助酶法改善其溶解性研究 [J]. 南方农业学报，49（7）：1403-1408.

祝水兰，刘光宪，周巾英，等，2018. 碎米淀粉分步制取工艺优化 [J]. 食品与机械，34（6）：212-215+220.

祝水兰，周巾英，刘光宪，等，2019. 超声波辅助酸酶法提取碎米抗性淀粉工艺的优化 [J]. 南方农业学报，50（8）：1814-1821.

庄绪会，郭伟群，刘玉春，等，2019. 生物酶-超声波协同提取制备米糠多糖工艺 [J]. 粮油食品科技，27（1）：56-62.

左青，甘光生，孙勤，等，2020. 米糠油精炼实践 [J]. 中国油脂，45（2）：21-23+31.

Han W, Chen H J, Zhou L, et al., 2021. Polysaccharides from ganoderma sinense - rice bran fermentation products and their anti-tumor activities on non-small-cell lung cancer[J]. BMC complementary medicine and therapies, 21：169.

Irakli M, Lazaridou A, Biliaderis C G, 2020. Comparative evaluation of the nutritional, antinutritional, functional, and bioactivity attributes of rice bran stabilized by different heat treatments[J]. Foods, 10 (1) : 57.

Kaura L, Singh J, Singh N, 2005. Effect of glycerol monostear-ate on the physico-chemical, th ermal, rheological and noodle making properties of corn and potato starches[J]. Food hydrocolloids, 19(5) : 839- 849.

Keishna A G G, Khatoon S, Shiela P M, et al., 2001. Effect of refining of crude rice bran oil on the retention of oryzanol in the refined oil[J]. Journal of the american oil chemists society, 2：127-131.

Oliveira M D S, Feddern V, Kupski L, et al., 2011. Changes in lipid, fatty acids and phospholipids composition of whole rice bran after solid-state fungal fermentation[J]. Bioresource technology, 102 (17) : 8335-8338.

Schmidt C G, Gon alves L M, Prietto L, et al., 2014. Antioxidant activity and enzyme inhibition of phenolic acids from fermented rice bran with fungus Rizhopus oryzae[J]. Food chemistry, 146：371-377.

Shin H Y, Kim SM, Lee J H, et al., 2019. Solid-state fermentation of black rice bran with *Aspergillus awamori* and *Aspergillus oryzae*: Effects on phenolic acid composition and antioxidant activity of bran extracts[J]. Food chemistry, 272：235-241.

Wang H, Zhang A L, Zhang L C, et al., 2020. Hydration process of rice husk ash cement paste and its corrosion resistance of embedded steel bar[J]. Journal of central south university, 27：3464-3476.

Wu W, Li F, Wu X J, 2021. Effects of rice bran rancidity on oxidation, structural characteristics and interfacial properties of rice bran globulin[J]. Food hydrocolloids, 110：106123.

Wu X J，Li F，Wu W, 2020. Effects of rice bran rancidity on the oxidation and structural characteristics of rice bran protein[J]. LWT-food science and technology, 120：108943.

第3章

小麦加工副产物

小麦在我国是仅次于水稻的第二大粮食作物，2021年全国小麦产量约1.36亿吨，占全国粮食总产量超过20%，小麦在加工成麦粉过程中，约75%的小麦转变为麦粉，其余25%以副产物形式（表3-1）出现，分别是20%的麦麸、5%的次粉和0.2%的胚芽（李利民 等，2009）。

表3-1　小麦加工副产物的主要用途

副产物名称	主要用途
麦麸	提取膳食纤维、提取麦麸多糖、用作食品配料、饲用、提取麦麸蛋白、提取低聚糖、提取酶、作为菌菇基料、制备吸附剂
小麦胚芽	提取谷胱甘肽、提炼小麦胚芽油、制作食品、提取黄酮类物质、制备胚芽蛋白、用作发酵原料、制备化妆品
次粉	制作食品、饲用
小麦谷朊粉	用作食品配料、饲用

3.1　麦麸

麦麸是小麦加工过程中主要的副产品，世界年产量超1.5亿吨，我国年产量超过3000万吨，富含膳食纤维、麦麸淀粉、酚类物质、木酚素、类黄酮及微量元素等。这些功能物质有降低胆汁酸再吸收、降低心血管疾病发生概率、调节血糖、降低血脂、抗氧化等作用。例如，麦麸能够降低高脂模型中SD大鼠血清中的胰岛素水平、总胆固醇、总甘油三酯含量，提升抗氧化能力，有降脂减肥效果；热敷新生儿患儿使其局部血液循环得到改善，显著提高硬肿症的护理，减少不良反应（徐茂，2020；周中凯 等，2019）。然而，目前我国大部分麦麸仅用于酿酒、酿醋、饲料等领域，商业价值相对较低（苗字叶 等，2020）。食用小麦麸和饲用小麦麸的理化指标见表3-2和表3-3。

表3-2　食用小麦麸的理化指标（NY/T 3218—2018）

项目	指标
水分/%	≤ 12
灰分（干基）/%	≤ 5.0
粗蛋白（干基）/%	≥ 16
含沙量/%	≤ 0.02
磁性金属物/（g/kg）	≤ 0.003
总膳食纤维（干基）/%	≥ 38
脂肪酸值（以干基KOH计）/（mg/100g）	≤ 120

表3-3　饲用小麦麸的理化指标（NY/T 119—2021）

项目	等级	
	一级	二级
粗蛋白质/%	≥ 18.0	≥ 18.0
水分/%	≤ 13.0	
粗纤维/%	≤ 12.0	
粗灰分/%	≤ 6.0	

注：除水分外，其他均以88%干物质为基础计算。

3.1.1　提取麦麸膳食纤维

麦麸中约含40%的膳食纤维，主要是阿拉伯木聚糖（52%～70%）、纤维素（20%～24%）、葡聚糖（约6%），有良好的水合性、持油力、阳离子交换能力、

DPPH 自由基清除能力及吸附能力，可作为功能性食品基料，也可制成胶囊、口服液等保健品（杜江 等，2012；李琦 等，2020）。经超微粉碎加工或汽爆改性，麦麸膳食纤维在溶解性、乳化性、自由基清除能力、持水性、持油性、吸水膨胀率、黏度、阳离子交换率、胆酸钠吸附、葡萄糖吸附、油脂吸附和胆固醇吸附等方面呈现出不同物化特性（施建斌 等，2021；王磊 等，2020）。其工艺流程见图 3-1。

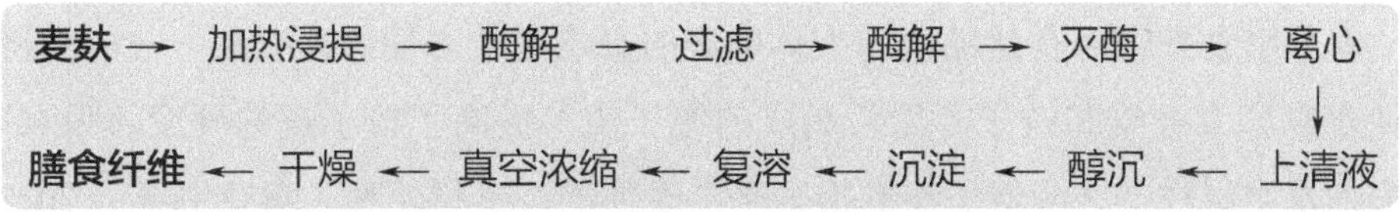

麦麸 → 加热浸提 → 酶解 → 过滤 → 酶解 → 灭酶 → 离心 → 上清液 → 醇沉 → 沉淀 → 复溶 → 真空浓缩 → 干燥 → 膳食纤维

图 3-1　麦麸膳食纤维提取工艺流程

目前提取膳食纤维的方法包括化学法、物理法、生物法、酶-化学联合法、膜分离法等（表 3-4）。例如，亚临界水提取是一种绿色而高效的提取方式，超声提取增大细胞壁的破碎，而两种方法的结合可以有效地将部分不溶性膳食纤维转化为可溶性膳食纤维。利用柠檬酸可加快溶出可溶性膳食纤维且不会使多糖发生酸水解的特性，结合超声预处理和亚临界水提法，响应面法优化了超声预处理功率、柠檬酸 / 麦麸液固比、亚临界水提取温度和时间等参数条件，得到可溶性膳食纤维的得率为（41.00±0.29）%（陈婷婷 等，2021）。考察碱用量、碱解时间、酶用量和酶解时间，得到结论是：通过酶-化学法提取，麦麸可溶性膳食纤维提取率平均值为 16.53%（陶志杰 等，2019）。麦麸膳食纤维的理化指标见表 3-5。

表3-4　膳食纤维的制备方法比较（李琦 等，2020）

方法	优点	缺点	应用范围
化学法	流程简单、操作方便、成本低	破坏纤维网格结构、污染环境	目前常用的制备方法之一
酶法	节能环保、条件温和、产品质量和活性好	反应温度和 pH 难控制，耗时	适用于淀粉和蛋白质含量较高的原料
发酵法	产品色泽、质地、气味和分散程度优于其他方法	发酵时间长、发酵条件难控制、后期分离纯化较困难	未广泛使用
膜分离法	自动化程度高	对设备和技术要求高	未广泛使用
多法协同制备	产品得率、纯度和生理活性较好	操作步骤烦琐、耗时	目前制备膳食纤维的主要方法

表3-5　麦麸膳食纤维的理化指标（DB42/T 1435—2018）

项目	指标
总膳食纤维 /%	≥ 65.0
白度 /%	≥ 65.0
细度 /%（过 80 目筛）	≥ 90.0
水分 /%	≤ 10.0
灰分 /%	≤ 8.0

麦麸膳食纤维对食品品质和人体健康的影响是多方面的。0.1% ～ 5% 的挤压改性麦麸膳食纤维和饺子专用粉制成的饺子皮，提高了饺子皮的硬度、吸水率、胶黏性及咀嚼性，并降低了蒸煮损失率，改善了口感和外观（陶春生 等，2020）。面团中加入麦麸膳食纤维，会改变硬度、弹性和体积，可能与面筋蛋白争夺水分而导致面筋网格结构发育不完全，导致热机械特性改变和机械能的降低，对发酵特性影响也较大（马森 等，2020）。使用麦麸膳食纤维膳食干预糖尿病患者，餐后 2h 血糖与甘油三酯下降幅度高于对照组，达到降低胰岛素抵抗和稳定血糖变化幅度的目的（戴春，2020）。麦麸膳食纤维的聚合度与肠道菌群代谢产物——丁酸成正比，与乳酸菌、双歧杆菌的丰度成反比（陈苗，2020）。

在麦麸膳食纤维提取方法与应用方面仍面临着亟待解决的问题：①生物提取法优点是条件温和且安全无毒、潜力大，但也面临成本高、酶特异性不强等问题。因此，亟待开发适于麦麸膳食纤维提取的高效特异性酶制剂。②提取与应用之间的衔接不够紧密，未来应充分考虑提取方法、组分与组成、理化加工特性、食品感官品质等四者之间的对应关系，筛选满足不同食品体系的麦麸膳食纤维提取方法。③应用研究多集中于在不影响食品感官体验的基础上寻求最大的添加量，但对于麦麸膳食纤维与食品体系中其他组分（蛋白、淀粉等）相互作用的机制研究尚不明晰，未来应加大在分子层面干预和调控麦麸膳食纤维对于食品体系的影响研究（李晓宁 等，2020）。④在获取高膳食纤维过程中，脱除的淀粉和蛋白质很难回收利用，进而带来额外成本。

3.1.2　提取麦麸多糖

麦麸多糖主要指细胞壁多糖，主要是戊聚糖、β-葡聚糖和纤维素，其中戊聚糖含量约 60%，可作为持水剂、增稠剂、保湿剂和稳定剂等添加剂，也有润肠通便、降血脂、抗肿瘤等功用。由于溶解性差而限制了使用，麦麸多糖常被改性以致其理化性质改变。例如，以碱提取法获得麦麸中阿拉伯木聚糖，当羧甲基化的取代度为0.66时，聚糖中木糖和阿拉伯糖的含量之和由88.72%减少至14.72%，分子质量也由6.07×10^5Da减小至4.18×10^5Da，剪切黏度降低且热稳定性提高（鲁振杰 等，2021）。麦麸阿拉伯木聚糖与牛血清白蛋白形成多糖-蛋白质共聚物，当二者质量比为10∶1时，紫外吸收光度值变化明显，且共聚物具有较好的乳化活性和乳化稳定性（吕丁阳 等，2020）。其提取工艺见图3-2。

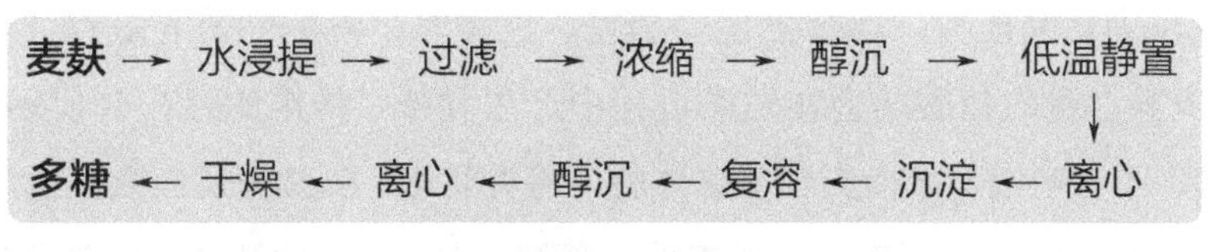

图3-2　麦麸多糖提取工艺流程（张倩，2019）

3.1.3　用作食品配料

麦麸之所以没有大量用于食品，有三方面原因：一是纤维素和半纤维素等不溶物质含量多，口感差；二是其微生物和酶类丰富，导致不易储藏；三是天然麦麸某些理化性能差，不能高效利用其中的某些功能物质（苗字叶 等，2020）。但麦麸拥有营养成分丰富、膳食纤维高的自身特性，是生产高纤维、低能量食品的良好原料。尤其在面包、馒头、饼干及面条等发酵和烘焙面食制作中，如前文所述麦麸膳食纤维可改善饺子皮的硬度和面团的面筋结构等。

麦麸的成分组成、物理状态、添加量和加工方式与食品的品质或色、香、味的呈现感有着密切的关系。麦麸用于面包面团的制作，发酵期间水溶性阿拉伯木聚糖、游离酚及阿魏酸含量逐渐增加，而阿魏酸本身能使α-螺旋和β-折叠含量降低，面筋蛋白微观结构变得无序；在搅拌、醒发和烘焙过程中阿拉伯木聚糖不断溶解，酚类化合物持续释放，抗氧化性能提高；制成的面包体积、弹性和持水力也会显著提升，气孔结构更加细腻，而麦麸的使用量可达到20%（罗昆 等，2019；张逢温 等，2018；张慧娟 等，2021）。麦麸用于热干面的制作，当添加量为8%时热干面的蒸煮特性（蒸煮时间、断条率、吸水率、失落率）、质构特性（剪切和拉伸）和感官（色泽、适口性、韧性、光滑、食味等）的综合品质得到提升（施建斌 等，2019）。麦麸用于饺子皮的制作，麦麸的不同添加量和粒度影响饺子皮品质，当5%的0.12mm麦麸添加时，硬度、胶黏性等质构特性及韧性、麦香味等感官评价的综合效果最好（陶春生 等，2019）。同样以细粉形式用于膨化食品制作，食品的酥脆度能得到改善，麦麸的使用量可达30%（向莉 等，2019）。麦麸用于鸡肉香肠的制作，硬度增加而黏度、咀嚼性得到提高，蒸煮回收率和乳化稳定性也得到提升，同时增加了纤维量，更加适于很多慢病人群食用（杨阳 等，2020）。麦麸用于蛋糕的制作，可代替部分低筋面粉，保证品质同时，得到高纤维[(6.39±0.24) g/100g]、低热量（1334kJ/100g）的蛋糕（任晓莉 等，2021）。

麦麸作为食品配料，也会出现口感差、色泽暗、溶解性差等缺点（马萌 等，2021）。麦麸自身的植酸酶会在发酵过程中产生异味，纤维的存在会使韧性增加、质构粗糙、不易咀嚼，从而影响口感体验；酶类氧化、美拉德反应或其他氧化还原反应会使食品的颜色不鲜亮、有时接受度变差；大量不溶性纤维会使食品溶解性降低，影响食品状态和营养吸收。麦麸改性是改善以上自身固有缺点的有效方式之一。超高压在一定料水比、处理时间和压力下作用于麦麸，植酸含量将大幅降低，此外麦麸表面酥松且有片状分层，提高了麦麸的加工品质（任顺成 等，2019）。通过酸解改性，6%～9%改性麦麸的添加，面粉粉质特性和面团质构特性会发生显著改变，如面团吸水率和形成时间上升，拉伸阻力和拉力比数上升而延伸性和拉伸面积下降，硬度、弹性、黏附性、咀嚼性、内聚性和回复性先增后减，整体上改善了面粉粉质特性和面团质构特性（姚慧慧 等，2019）。通过生物改性（酵母发酵），麦麸中的还原糖、总糖和植酸含量显著下降，相反阿拉伯木聚糖、总酚、可溶性膳食纤维和总膳食纤维含量显著增加；此类改性麦麸加到面团中，面团高度、产气量和持气量较好（雷雅男 等，2020）。因此，我们在认识麦麸能够增加食物营养和改善饮食结构的同时，应继续改变和弱化它的不良特性，研究其与食品中其他成分作用关系，从而扩大麦麸作为食品配料的使用范围。

3.1.4 饲用

麦麸是低能量饲料，有效能值低（猪：6.36MJ/kg；鸡：5.69MJ/kg），粗蛋白质含量为11.77%～17.02%，其中必需氨基酸含量仅5.87%，粗脂肪含量为2.33%～2.88%，磷含量多以植酸磷形式存在，钙含量低，B族维生素和维生素E含量较高（安济山 等，2020）。其营养成分含量见表3-6。

表3-6 麦麸的营养成分含量（风干基础）

指标	干物质	粗蛋白	粗纤维	中性洗涤纤维	酸性洗涤纤维
含量 /%	87.0	15.7	6.5	37.0	13.0
指标	粗脂肪	粗灰分	钙	磷	无氮浸提物
含量 /%	3.9	4.9	0.11	0.92	56.0

注：参考《中国饲料成分及营养价值表（2019）》。

正是由于麦麸粗蛋白含量低、植酸含量高、不溶性纤维多和能值低这些缺点，通过发酵方式提升其营养价值是越来越普遍的做法。微生物发酵麦麸有几方面的好处：一是提升粗蛋白含量；二是降低抗营养因子含量；三是增加益生菌，可调节动物肠道健康性能等。麦麸加入青贮体系中，能够提高干物质、可溶性碳水化合物、粗蛋白及丁酸含量，降低 pH 值、氨态氮 / 总氮、中性洗涤纤维和酸性洗涤纤维含量，提高饲用价值（杜昭昌 等，2021；李顺 等，2019）。微生物直接发酵麦麸，能够提高粗脂肪和酸溶蛋白的含量，降低中性洗涤纤维的含量，改善适口性和营养成分（石宝明 等，2020）。

目前，对于发酵麦麸而言，它还存在很多不足，如在发酵周期相对长的情况下，得到的蛋白质等成分的提升却很有限，成本和效益的平衡点把握难；专用化和智能化设备少，微生物生长期带来的物料温度高，规模生产时降温难与延长微生物活动间的矛盾；发酵工艺的标准化问题；不同畜禽品种的应用规范等。

3.1.5 其他用途

麦麸也可用来提取麦麸蛋白、低聚糖、酶及作为菌菇基料和吸附剂等。

（1）提取麦麸蛋白　麦麸含有 12% ～ 18% 的蛋白质，有 16 种氨基酸，其中 46% 是谷氨酸，可作为营养强化剂、提取味精原料（郑学玲 等，2001）。麦麸蛋白可制备麦麸多肽、制作蛋白营养强化剂、发泡剂、保油剂、高蛋白饮料等，还具有提高机体免疫力，抗疲劳的生物功效。常用提取方法有物理分离法、化学分离法、酶分离法等。

（2）提取麦麸低聚糖　麦麸中富含纤维素和半纤维素，是制备 2 ～ 10 个糖单体组成的低聚糖的良好来源。麦麸低聚糖摄入并结合有氧运动，可降低肥胖大鼠的血糖水平，控制胰岛素的分泌和脂肪合成，起到限脂与抑制肥胖的作用

（刘金生 等，2020）。

（3）提取酶　麦麸中含有较为丰富的β-淀粉酶和植酸酶，其中β-淀粉酶可替代啤酒、饮料生产过程中的糖化剂，植酸酶可广泛用于食品添加剂、饲料添加剂和制药工业（杜江，2012）。麦麸酯酶可应用于检测（香葱、洋葱、大蒜等）辛辣蔬菜的假阳性（姜露 等，2021）。

（4）用作菌菇基料　人工栽培菌菇过程中，麦麸是主要的基质原料之一。基质麦麸含量对黑木耳和香菇的出耳、菌丝状态、子实体营养成分含量等均有影响（张介驰 等，2020；王朦 等，2019）。

（5）制备吸附剂　麦麸制备生物炭，随裂解温度升高，生物炭芳香化程度增大，与刚果红之间 π-π 作用随之增大，以达到良好的吸附效果。麦麸用酸或碱改性，出现了 C—H 等新的基团，表面变得比较光滑，并出现很多褶皱，对水中 Cu^{2+} 的吸附效果佳（赵晓光 等，2020；孙玲 等，2020）。

3.2　小麦胚芽

小麦胚芽，占麦粒质量的 2% ～ 3%，是经清麦、润麦、破碎、分离、灭酶等工艺提取的胚（图 3-3），虽然其在麦粒的总质量中占比很小，但营养却很丰富（李冬文 等，2015）。小麦胚芽中，碳水化合物占 46% ～ 47%，油脂约占 10%，蛋白质约占 26%，其中麦谷蛋白占 0.3% ～ 0.37%，赖氨酸是大米、小麦粉的 6 ～ 7 倍，富含维生素 E 和 B 族维生素，同时也含有人体所需的各种矿物质，有抗氧化、抗肿瘤、抑制炎症、促进肠道健康等功能（赵静 等，2021）。但和米糠类似，小麦胚芽中脂类和酶丰富，加之光照、氧气、破碎或挤压等条件，其中的磷脂酰胆碱易降解而释放甘油三酯，甘油三酯经由脂肪酶催化水解生成大量的游离脂肪酸，发生酸败，不容易储藏（严永红 等，2021）。所以，如酸、碱、酶制剂、微波、辐照、红外线、干热和湿热等稳定化技术同样在小麦胚芽中广泛应用。

小麦 → 清麦 → 润麦 → 破碎 → 干燥灭酶 → 小麦胚芽

图 3-3　小麦胚芽生产工艺流程（DB 34/T 3759—2020）

3.2.1 提取谷胱甘肽

小麦胚芽中谷胱甘肽含量丰富，达 98 ～ 107mg/100g。生产方法主要有溶剂萃取法、发酵法、酶法、化学合成法等 4 种。工艺流程见图 3-4。谷胱甘肽可制作成不同类型功能食品，亦可利用其氧化还原属性，作为面制品、婴儿食品、罐头等的抗氧化剂（李昌文 等，2007）。

小麦胚芽 → 超声 → 蛋白提取液 → 层析过滤 → 酶解后灭酶 → 透析 → 分离 → **谷胱甘肽**

图 3-4 小麦胚芽谷胱甘肽提取工艺流程

3.2.2 提炼小麦胚芽油

小麦胚芽油（提取工艺见图 3-5），其中的亚油酸和亚麻酸的含量分别为 44% ～ 65% 与 4% ～ 10%，维生素 E 含量为 69mg/kg（刘晓庚 等，2004）。

小麦胚芽 → 烘干 → 冷冻 → 增压处理 → 萃取 → 浸提 → 净化、脱色 → **胚芽油**

图 3-5 小麦胚芽油提取工艺流程（曹贵永，2020）

3.2.3 制作食品

小麦胚芽是制作食品的优质原料。小麦胚芽用于制作发酵饮料原料，降低了可溶性固形物和酸度，增加了益生菌活菌数，提升了感官评价和口味（王付转 等，2020）。小麦胚芽用于制作腐竹原料，泡开后表面均匀，切面无明显大空洞，形态完整、无浆泡、韧性好（王家良 等，2019）。小麦胚芽用于制作饼干原料，饼干形状完整，色泽均匀，薄厚均匀，富有香气，酥脆可口（徐静 等，2019）。小麦胚芽用于发酵酒原料，能改善澄清效果和透光率。

3.2.4 其他用途

小麦胚芽还可提取黄酮类物质、制备胚芽蛋白（图 3-6）、发酵生产 2,6-二甲氧基对苯醌、制备化妆品等（易雄健 等，2021；侯宇豪 等，2020）。

小麦胚芽 → 碱提 → 上清液 → 调pH → 分离 → 小麦胚芽蛋白

图 3-6　小麦胚芽蛋白提取工艺流程（孙晓宏 等，2019）

3.3　次粉

次粉是以小麦为原料，去除麦麸、胚芽和面粉后的部分，主要是糊粉层，占麦粒总重的 3% ～ 5%（表 3-7）。次粉可用于制作食品和饲料（饲料用次粉质量指标见表 3-8）。利用小麦次粉为原料制作高纤低脂沙琪玛或酥性饼干，在降低小麦次粉脂肪酶活性和微生物含量情况下，既能提高产品的膳食纤维含量、降低油脂含量、延缓淀粉消化且具有延展性，又具有高纤低脂的营养特点，能够解决用于食品中存在品质不稳定、发生劣变的问题，而且加工成本低（隋勇 等，2020；隋勇 等，2019）。利用 9% ～ 12% 的次粉作为饲料原料，加入肉兔饲料中，显著降低含粉率和粉化率及肉兔血清中总胆固醇、甘油三酯和高密度脂蛋白胆固醇含量，显著提高血清碱性磷酸酶活性（刘梅 等，2021）。

表3-7　次粉主要营养成分（刘梅 等，2021）

指标	粗蛋白	粗纤维	中性洗涤纤维	酸性洗涤纤维	酸性洗涤木质素
含量 /%	15.94	8.49	16.09	7.12	1.23
指标	钙	总磷	赖氨酸	甲硫氨酸	总氨基酸
含量 /%	0.21	1.75	0.59	0.17	12.90

表3-8　饲料用次粉的质量指标（NY/T 211—92）

指标	一级	二级	三级
粗蛋白 /%	≥ 14.0	≥ 12.0	≥ 10.0
粗纤维 /%	<3.5	<5.5	<7.5
粗灰分 /%	<2.0	<3.0	<4.0

3.4 小麦谷朊粉

小麦谷朊粉（面筋蛋白）（质量指标见表 3-9），是小麦淀粉加工的副产物，将小麦中碳水化合物等非蛋白质成分分离后获得的小麦蛋白，蛋白含量达 70%，主要成分是谷蛋白和醇溶蛋白，占蛋白质量分数的 75% ～ 85%，无胆固醇，是良好的植物源蛋白（孙婷 等，2019）。谷朊粉的生产用水洗和离心分离，前者主要是马丁法，后者主要是卧螺法和旋流法。

表3-9　谷朊粉质量指标（GB/T 21924—2008）

项目	质量指标	
	一级	二级
水分 /%	≤ 8	≤ 10
粗蛋白 /%	≥ 85	≥ 80
灰分 /%	≤ 1.0	≤ 2.0
粗脂肪 /%	≤ 1.0	≤ 2.0
吸水率 /%	≥ 170	≥ 160
粗细度 /%	CB30 号筛通过率≥ 99.5%，且 CB36 筛通过率≥ 95%	

作为一种纯天然的植物蛋白原料，小麦谷朊粉有黏性、弹性、延伸性、成膜性和吸脂性等特点，可用于烘焙制品以及肉制品、宠物食品和饲料的制作，对风味生成、质构改变和营养丰富均有积极作用（田启梅 等，2019）。以谷朊粉为原料可制作组织蛋白（图 3-7），由于湿面筋有强的面筋网状结构，疏松流量不稳定，因此要一定比例的调水，这样组织化程度高、弹性好；制作工艺如图 3-7（安红周 等，2020）。以谷朊粉为原料可制作面制食品（如馒头、鲜湿面条、热干面、

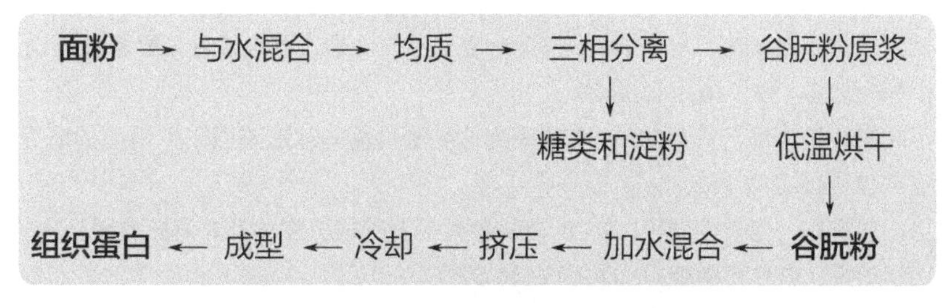

图 3-7　谷朊粉制备组织蛋白的工艺流程

青稞面条等），提高面食的纤维和蛋白含量，提高营养性同时改善口感，面团筋力和稳定性增强，对剪切力、拉伸力、回复性、硬度、内聚性、黏度、气孔和疏松性等质构影响显著，通过成为美拉德反应中间体使风味轮廓更加丰富（吴艳 等，2020；熊添 等，2021；孙福犁 等，2019）。以谷朊粉为原料可制作饲料，1% 的谷朊粉蚕蛹酶解发酵肽替代鱼粉饲喂仔猪，显著改善日增重和料重比，显著影响十二指肠、空肠和回肠绒毛高度等黏膜形态，盲肠和结肠中的大肠杆菌数量减少而乳杆菌增加，可见谷朊粉蚕蛹酶解发酵肽提升了仔猪生产性能和健康状态，可适量代替鱼粉（徐求文 等，2019）。

参考文献

小麦胚芽生产加工技术规程 .DB 34/T 3759—2020[S].

安红周，周豫飞，马宇翔，等，2020. 以谷朊粉原浆和谷朊粉为原料的组织蛋白生产工艺对比研究 [J]. 河南工业大学学报（自然科学版），41（1）：26-31.

安济山，刘宽博，王永伟，等，2020. 发酵麦麸的营养特性及其在畜禽生产中的应用 [J]. 动物营养学报，32（7）：3064-3071.

曹贵永 . 一种高营养价值小麦胚芽油的制备方法 [P]. 中国：202010584123.X，2020-06-24.

陈苗，2020. 麦麸膳食纤维对人源肠道菌群作用机制的研究 [D]. 中国农科院 .

陈婷婷，武利霞，肖高升，等，2021. 超声预处理-柠檬酸辅助亚临界水提取麦麸水溶性膳食纤维工艺优化 [J]. 食品工业科技，42（9）：201-206.

戴春，2020. 麦麸膳食纤维对控制中老年糖尿病患者血糖效果研究 [J]. 中国食物与营养，26（3）：57-60.

杜江，耿欣，2012. 植物性食品加工副产物的综合利用和开发的现状 [J]. 食品工业科技，33（2）：410-414.

杜昭昌，王红，闫艳红，等，2021. 稻壳和麦麸对鲜玉米秸秆青贮品质的影响 [J]. 草地学报，29（7）：1549-1554.

谷朊粉 .GB/T 21924—2008[S].

侯宇豪，常霞，谢秋涛，等，2020. 发酵小麦胚芽产 2,6-二甲氧基对苯醌菌种筛选及发酵条件优化 [J]. 中国酿造，39（10）：125-129.

姜露，叶麟，侯晓艳，等，2021. 麦麸酯酶抑制法检测辛辣蔬菜假阳性消除的研究 [J]. 食品与发酵工业，47（4）：247-252.

雷雅男，谢东东，谢岩黎，等，2020. 麦麸改性后营养成分变化及对发酵面团品质的影响 [J]. 河南工业大学学报（自然科学版），41（2）：50-57.

李昌文，刘延奇，2007. 粮油加工副产物综合利用 [J]. 粮食流通技术，6：33-34+46.

李冬文，陈移平，杨鲁君，等，2015. 不同乳化剂对小麦胚芽酥性饼干的品质影响研究 [J]. 食品研究与开发，9：26-29.

李利民，郑学玲，孙志，2009. 小麦深加工及综合利用技术 [J]. 现代面粉工业，23（2）：45-48.

李琦，曾凡坤，华蓉，等，2020. 麦麸膳食纤维理化特性、制备方法及应用研究进展 [J]. 食品工业科技，17：352-357+367.

李顺，陈东，穆麟，等，2019. 添加剂对籽粒苋与麦麸混合青贮品质的影响 [J]. 中国草地学报，41（4）：173-178.

李晓宁，汪丽萍，2020. 麦麸膳食纤维的提取及在食品中的应用 [J]. 食品安全质量检测学报，11（21）：7663-7668.

刘金生，房磊，赵锦锦，2020. 麦麸低聚糖结合有氧运动对大鼠肥胖的抑制研究 [J]. 食品与发酵科技，56（6）：75-78.

刘梅，赵晓岩，杨桂芹，等，2021. 饲粮中小麦次粉添加比例对肉兔颗粒饲料加工特性、生长性能和血清生化指标的影响 [J]. 动物营养学报，33（3）：1643-1651.

鲁振杰，李娟，陈正行，等，2021. 麦麸阿拉伯木聚糖的羧甲基化改性及理化性质表征 [J]. 食品科学，42（6）：61-67.

罗昆，杨文丹，马子琳，等，2019. 发酵麦麸及其面包面团中阿拉伯木聚糖溶解性与酚酸释放研究 [J]. 食品科学，40（4）：42-48.

吕丁阳，殷丽君，陈复生，等，2020. 麦麸阿拉伯木聚糖-牛血清白蛋白酶促共聚物制备及其乳化性能研究 [J]. 食品研究与开发，41（12）：1-8.

马萌，邹雅芳，李力，等，2021. 麦麸在面制品中的应用及研究进展 [J]. 粮食与油脂，34（1）：10-12.

马森，汪桢，王晓曦，2020. 麦麸膳食纤维对面团特性影响的研究进展 [J]. 河南工业大学学报（自然科学版），41（1）：124-131.

麦麸膳食纤维生产技术规程 . DB42/T 1435—2018[S].

苗宇叶，刘阳星月，姚亚亚，等，2020. 麦麸营养成分的利用及改性现状 [J]. 粮食与油脂，33（12）：18-20.

任顺成，万毅，李丹，2019. 超高压对麦麸及其植酸含量变化的影响 [J]. 食品研究与开发，40（7）：29-33.

任晓莉，吴涛，张民，等，2021. 麦麸高纤低糖蛋糕研制 [J]. 农产品加工，529（6）：9-12+15.

施建斌，蔡沙，隋勇，等，2019. 加工工艺对超微粉碎麦麸热干面品质的影响及工艺优化 [J]. 湖北农业科学，58（15）：90-94.

施建斌，隋勇，蔡沙，等，2021. 麦麸及麦麸膳食纤维常规粉碎和超微粉碎物化特性比较 [J]. 现代食品科技，37（1）：150-156+149.

石宝明，何威 . 一种提高小麦麸中脂肪和酸溶蛋白含量的发酵方法 [P]. 中国：202010787590. 2，2020-08-07.

食用小麦麸 . NY/T 3218—2018[S].

饲料用次粉 . NY/T 211—92[S].

饲料原料 小麦麸 .NY/T 119—2021[S].

隋勇，梅新，何建军，等 . 一种利用钝酶减菌小麦次粉制作高纤低脂沙琪玛的方法 [P]. 中国：202010904069.2，2020-09-01.

隋勇，梅新，何建军，等 . 一种利用微波钝酶减菌小麦次粉制作具有延缓淀粉消化特性酥性饼干的方法 [P]. 中国：201911267102.9，2019-12-11.

孙福犁，徐慢，崔和平，等，2019. 谷朊粉肽美拉德反应中间体的制备及风味形成能力研究 [J]. 食品与机械，35（3）：1-7.

孙玲，安风霞，李宏斌，等，2020. 麦麸制备生物炭对刚果红吸附行为研究 [J]. 能源科技，18（2）：88-91.

孙婷，王峰，刘俊林，2019. 我国粮油原料的综合利用现状 [J]. 农产品加工，486（8）：76-79+88.

孙晓宏，张凇源，任健，等 . 一种小麦胚芽蛋白水解物及其制备方法和应用 [P]. 中国：201910123922.4，2019-02-19.

陶春生，王克俭，谷渤海，2020. 挤压改性麦麸膳食纤维对饺子皮品质的影响 [J]. 中国食品学报，20（1）：172-176.

陶春生，王克俭，刘学军，等，2019. 麦麸添加量和粒度对饺子皮品质的影响 [J]. 食品工业科技，40（11）：28-32.

陶志杰，王改玲，王家良，等，2019. 酶-化学法优化麦麸可溶性膳食纤维提取工艺 [J]. 赤峰学院学报（自然科学版），35（1）：43-46.

田启梅，方颂平，2019. 谷朊粉提取关键因素及工艺优化的研究 [J]. 粮食与饲料工业，7：18-20.

王付转，陈姝彤，崔梦蝶，2020. 小麦胚芽和甜糯玉米混合发酵饮料的研制 [J]. 河南工业大学学报（自然科学版），41（2）：90-94.

王家良，先磊，李成杰，等，2019. 小麦胚芽腐竹制备工艺及其结构分析 [J]. 蚌埠学院学报，8（2）：1-7+17.

王磊，廖晨，孟哲，等，2020. 改性麦麸膳食纤维功能和结构特性研究 [J]. 安徽农业科学，48（7）：179-181.

王朦，金爱武，朱强根，等，2019. 竹-木屑配比和麦麸对香菇菌丝生长及产量的影响 [J]. 竹子学报，38（1）：64-71.

吴艳，朱永，张敏，等，2020. 不同添加剂对马铃薯鲜湿面品质的影响 [J]. 食品研究与开发，41（20）：1-7.

向莉，陈轩，余术，等，2019. 麦麸膨化食品的研制 [J]. 食品研究与开发，40（9）：123-128.

熊添，何建军，蔡芳，等，2021. 谷朊粉对马铃薯热干面品质的影响 [J]. 食品与发酵工业，47（2）：205-211.

徐静，许红梅，武杰，等 . 一种小麦胚芽饼干及其加工工艺 [P]. 中国：201911110655.3，2019-11-14.

徐茂，2020. 恒温箱及麦麸皮热敷对新生儿硬肿症的护理效果研究 [J]. 国际感染病学，9(3)：223-224.

徐求文，金妙仁，楼伟杰，等，2019. 谷朊粉蚕蛹酶解发酵肽对断奶仔猪生产性能的影响 [J]. 浙江畜牧兽医，5：1-3.

严永红，郑召君，李波，等，2021. 小麦胚芽贮藏期内脂质水解酸败机理解析 [J]. 中国油脂，46（2）：41-47.

杨阳，曹晓锋，邹书慧，2020. 麦麸和胡萝卜渣对鸡肉香肠品质的影响 [J]. 中国饲料，6：41-45.

姚慧慧，王燕，吴卫国，等，2019. 酸改性麦麸粉对面粉粉质特性及面团质构特性的影响 [J]. 食品科学，40（2）：59-64.

易雄健，郭继香，2021. 小麦胚芽乳化性能研究及其在化妆品中的应用 [J]. 现代化工，41（4）：190-193+199.

张逢温，杨文丹，张宾乐，等，2018. 发酵麦麸对面包膳食纤维组成及烘焙特性的影响 [J]. 食品工业科技，40（5）：1-6+11.

张慧娟，冯钰琳，付冰冰，等，2021. 麦麸酚酸类物质对面团聚集态的影响 [J]. 中国食品学报，21（4）：55-63.

张介驰，马庆芳，马银鹏，等，2020. 栽培黑木耳的木屑和麦麸基质配方精准化研究 [J]. 中国食用菌，39（3）：17-20.

张倩，2019. 小麦麦麸多糖提取工艺及抗氧化活性研究 [J]. 江苏农业科学，47（11）：242-245.

赵静，韩加，2021. 小麦胚芽的营养与健康保健功能最新研究进展 [J]. 粮食与食品工业，28（1）：24-26+32.

赵晓光，周文富，柳宁，等，2020. 改性麦麸对废水中铜离子的吸附性能研究 [J]. 应用化工，49（2）：317-320+325.

郑学玲，姚惠源，李利民，等，2001. 小麦加工副产物——麸皮的综合利用研究 [J]. 粮食与饲料工业，12：38.

中国饲料成分及营养价值表（2019）[M]，2019. 中国饲料，22.

周中凯，李莹，王俊轩，2019. 天然麦麸、富 GABA 麦麸对高脂饮食大鼠糖脂代谢和氧化应激的影响 [J]. 保鲜与加工，19（1）：78-83+88.

第4章

玉米加工副产物

玉米生长适应力强、种植面积广、单位亩产量大，一直在世界粮食生产和工业体系中占据重要地位。2021 年我国玉米总产量约 2.72 亿吨，稳定在历史最高水平。玉米也是可加工程度最高、产业链最长的粮食品种。从玉米深加工谈起，当前美国是世界上玉米深加工产业发展最先进、最完善的国家，其深加工产业规模大、品种多、加工回收率高、产品附加值高。我国玉米深加工行业起步虽晚，但发展迅速，深加工产业区域分工基本形成，从产品分布来看，形成了以山东、吉林、河北和辽宁等为主的淀粉及变性淀粉产业群；以山东、河北和吉林为主的淀粉糖、多元醇（糖醇）产业群；以山东、安徽、江苏和浙江等为主的氨基酸产业群；以吉林和安徽为主的多元醇、化工醇产业群；以黑龙江、吉林、安徽和河南等为主的燃料乙醇产业群。虽然我国玉米深加工产业已有一定程度的发展，但仍存在加工链条短，附加值低，单一产品产能过大，缺乏科技创新，技术落后等问题。玉米深加工过程中，会产生超过 30% 的副产物。如何提高玉米深加工水平，特别是玉米加工副产物（表 4-1）利用水平，成为我国当前亟须解决的一个重要问题。为此，我们针对玉米加工副产物的研究和综合利用的发展现状与方向进行了认真探讨。

表4-1 玉米加工副产物的主要用途

副产物名称	主要用途
玉米浆和玉米皮	用作发酵原料、饲用、提取玉米醇溶蛋白、提取膳食纤维、提取玉米黄色素、提取阿魏酸、提取糖类、制作有机肥、提取玉米纤维油
玉米芯	制备吸附剂、提取多糖、制备低聚糖、制备糠醛、用作发酵原料、制作建筑材料、饲用、制作食品
玉米须	食药两用、提取多糖、提取黄酮等多酚物质、提取总皂苷、制备多孔碳、制作香精
玉米胚芽	提取玉米胚芽油、提取玉米胚芽粕、饲用、提取玉米胚芽蛋白和多肽
味精废液	生产益生菌、制作发酵饲料

4.1 玉米浆和玉米皮

玉米浆和玉米皮（工艺流程见图 4-1）是生产玉米淀粉过程中的重要副产物，如按我国年产 2450 万吨玉米淀粉计算，每年玉米浆的产量为 80 万～ 90 万吨（姜未公等，2019）。其中，玉米浆为通过湿法生产玉米淀粉的浸渍液，浓缩得到的黄褐色液体（DB22/T 3085—2019），蛋白质含量为 44% ～ 45%（质量分数），清蛋白和

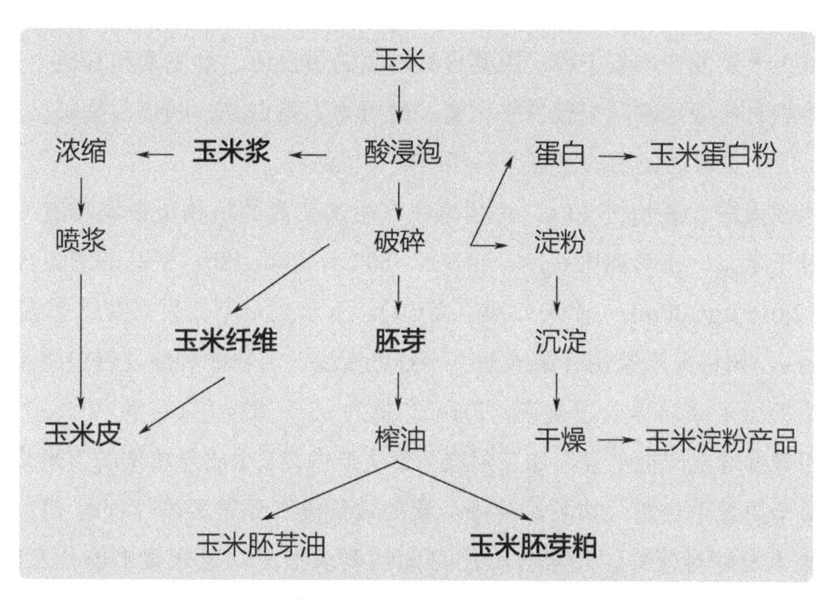

图 4-1 玉米浆和玉米皮产生的典型工艺流程

球蛋白为主。玉米皮一般为玉米浆浓缩、喷浆所得，也常称喷浆玉米皮，蛋白质约 10%、半纤维素为 30% ～ 40%、纤维素为 10% ～ 20%、淀粉为 10% ～ 20%。得到 1t 玉米皮需要 0.8 ～ $1m^3$ 的玉米浆。充分利用玉米浆和玉米皮，不仅提高了玉米的利用率、延伸了产业链，还减少了高 COD（化学需氧量）和 BOD（生物需氧量）的氨氮污染物排放，利于保护环境。

玉米浆和玉米皮在应用中存在几个问题：首先，近年来玉米真菌污染和储藏霉变问题严重，导致玉米原料毒素超标［尤其是脱氧雪腐镰刀菌烯醇（DON）和玉米赤霉烯酮（ZEN）］，经浸泡大部分毒素滞留在浸泡水中，浓缩后存在玉米浆中。据了解，喷浆玉米皮中毒素含量高，主要来源于浓缩玉米浆，如玉米原粮中含量为 100 ～ 400μg/kg，浓缩玉米浆可能达到 6000μg/kg，而喷浆玉米皮可能达到 3000 ～ 5000μg/kg。另外，喷浆玉米皮也容易吸水变质，储藏难度大。故毒素降解是玉米浆和玉米皮应用中不能回避的问题。目前，生物降解毒素是一个研究热点，枯草芽孢杆菌、黑曲霉、德沃斯氏菌等都被证明有降解 DON 或 ZEN 的效果。其次，进一步深加工及产品开发和种类多样化问题，如深度开发变性淀粉、发酵氨基酸、玉米浆生物活性成分等。

4.1.1 用作发酵原料

新鲜玉米浆及玉米浆干粉，因其含有较高的蛋白质、维生素和其他生长因子，加之成本相对低廉，常用来代替牛肉膏、酵母膏、蛋白胨、胰蛋白胨等昂贵氮源，在发酵行业中是普遍使用的发酵原料和速效有机氮源。

玉米浆蛋白含量超过 40%，可用来生产附加值高的植物蛋白调味液，如利用毛霉发酵玉米浆，在料液比 6∶4、pH7.5、50℃下培养 48h，氨基酸态氮含量可达（1.126±0.015）g/100mL（姜未公 等，2019）。玉米浆可用来发酵生产聚羟基丁酸酯（PHA），如将玉米浆用纤维素酶、半纤维素酶、淀粉酶和酸性蛋白酶酶解，再用酶解后的玉米浆培养盐单胞菌，PHA 产量为 65 ～ 82g/L（佟毅 等，2020）。玉米浆可用来发酵生产抗生素，如在阿维菌素生产中，1 个质量单位的玉米浆代替且等价于 2 个质量单位黄豆饼粉，阿维菌素的效价没有显著影响（程曦 等，2020）。由于抗生素发酵对营养、元素含量的可知性要求很高，玉米浆中糖分及磷、镁、硫、钙、钾等元素需要准确检测，以优化培养基配方，如在一份玉米浆磷含量对红霉素发酵影响的研究报告中发现，当磷含量在 4500 ～ 5500μg/mL 范围，红霉素效价为 8864μg/mL，其中红霉素 A 组分为 80.3%；当磷含量在 5500 ～ 6500μg/mL 范围，红霉素效价为 12374μg/mL，其中红霉素 A 组分为 85.9%；当磷含量达到 6500μg/mL 以上，红霉素效价为 10823μg/mL，其中红霉素组分 A 含量为 82.4%（刘鹏 等，2020）。玉米浆干粉可用来发酵生产益生菌，在本团队中试生产微囊化益生肠球菌的过程中，将小试培养基中的 1% ～ 2% 的蛋白胨完全由 1% ～ 2% 的玉米浆干粉替代，不补料、控制 pH 和温度情况下培养 8 ～ 14h，5t 中试罐中益生菌得率与蛋白胨为氮源时相当，而成本大幅降低；粪肠球菌生长情况如图 4-2 所示。

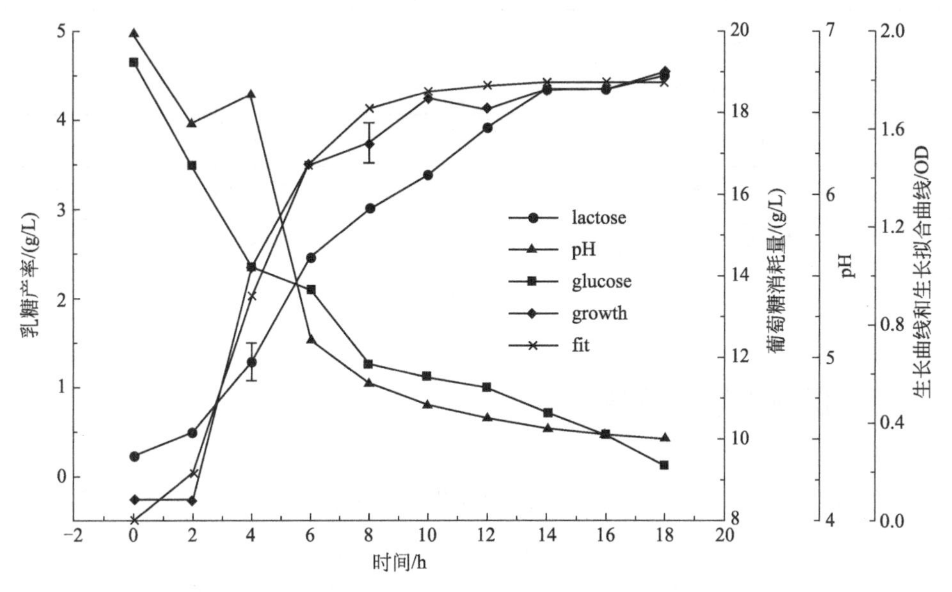

图 4-2　粪肠球菌 CG1.0007 以玉米浆干粉为氮源的生长情况（Han Wei et al., 2013）

纵轴中，“lactose”表示乳酸生成量；“glucose”表示葡萄糖消耗量；“growth”表示微生物生长曲线；“fit”表示微生物生长拟合曲线

4.1.2　饲用

玉米浆和玉米皮因其丰富营养、廉价易得，很早便用于饲料中，也最容易实现。在我国玉米淀粉加工产业集群地区，玉米浆和玉米皮以饲用化目的销售是一种普遍的情况。

玉米浆可用在奶牛日粮中，如在氨碱复合处理水稻秸秆中加入 9% 的玉米浆等，提高了粗蛋白和粗脂肪含量，降低了中性洗涤纤维和酸性洗涤纤维的含量，体内实验表明瘤胃对粗蛋白、中性洗涤纤维和酸性洗涤纤维的有效降解率也显著提升（姜明明 等，2020）。玉米浆可用在肉羊日粮中，如秸秆玉米浆混合发酵，相比对照组，肉羊的平均日增重、表观消化率和清蛋白水平均有显著性正向改变（何津平 等，2019）。玉米浆可用在肉兔日粮中，玉米皮的消化能的均值约 7.73MJ/kg，粗蛋白和多数氨基酸表观消化率分别超过 60% 和 75%（曾绘锦 等，2020）。喷浆玉米皮理化指标见表 4-2。

表4-2　饲料原料喷浆玉米皮的理化指标（NY/T 3878—2021）

项目	指标
水分 /%	≤ 12.0
粗蛋白质 /%	≥ 15.0
粗纤维 /%	≤ 12.0
粗灰分 /%	≤ 8.0
亚硫酸根（以 SO_2 计）/(mg/kg)	≤ 150

注：指标均以干物质含量 88% 为基础计算（亚硫酸盐除外）。

4.1.3　提取玉米醇溶蛋白

玉米醇溶蛋白（工艺流程见图 4-3），区别于谷物中的清蛋白、谷蛋白和球蛋白，在 80% ～ 90% 的乙醇中易溶而在水中难溶的一类蛋白质，玉米皮中有近 50% 的醇溶蛋白。玉米醇溶蛋白具有隔氧、隔热、隔湿、阻油及抗紫外线等特性，是食品、医药、化工等领域良好的成膜材料。

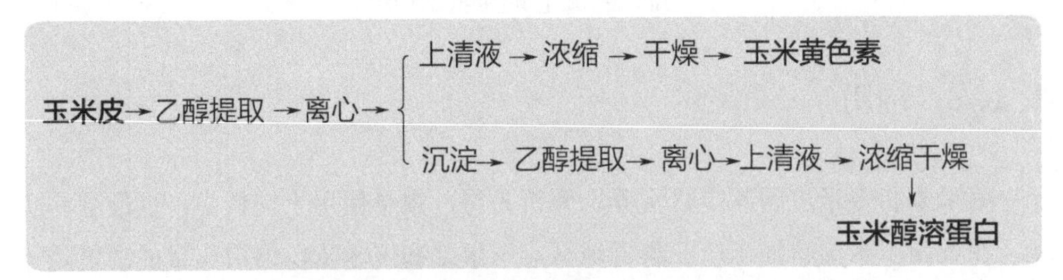

图 4-3　玉米皮提取醇溶蛋白和黄色素的工艺流程（赵华 等，2012）

4.1.4 提取膳食纤维

玉米皮是膳食纤维的良好来源（工艺流程见图 4-4）。结合超微粉碎和酶解玉米皮，在微粉粒径为 38 ～ 45μm、料液比为 1∶23（g/mL）、酶添加量为 0.8%、酶解温度为 55℃、酶解时间为 2.5h 时，玉米皮水溶性膳食纤维得率为 13.69%（王丹 等，2020）。或以玉米皮为原料先获得不溶性膳食纤维，再用生物酶（40mg/g 木聚糖酶和 30mg/g 纤维素酶）法改性得到可溶性膳食纤维，得率为 2.996%（陈闯 等，2021）。

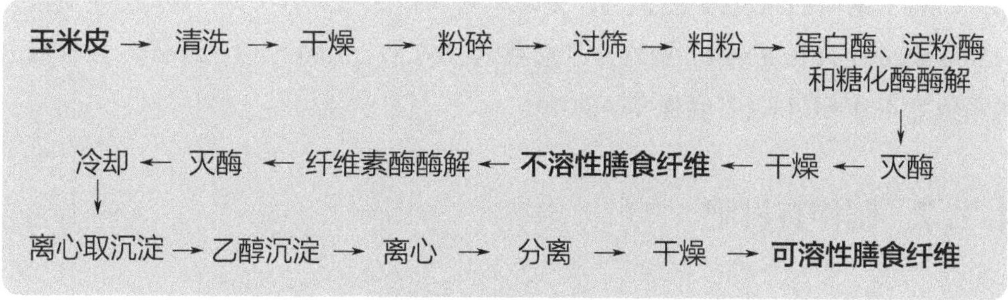

玉米皮 → 清洗 → 干燥 → 粉碎 → 过筛 → 粗粉 → 蛋白酶、淀粉酶和糖化酶酶解
↓
灭酶 → 干燥 → **不溶性膳食纤维** → 纤维素酶酶解 → 灭酶 → 冷却
↓
离心取沉淀 → 乙醇沉淀 → 离心 → 分离 → 干燥 → **可溶性膳食纤维**

图 4-4　玉米皮膳食纤维提取工艺流程（王丹，2020）

4.1.5 提取玉米黄色素、阿魏酸等多酚类

玉米黄色素是一种天然食用色素，性状为黄色粉末、糊状或黄色油状液体，其主要成色物质是玉米黄素、隐黄素和叶黄素，其稀溶液呈柠檬黄色，低于 10℃时为橘黄色半凝固膏状物，溶于乙醚、石油醚、丙酮、酯类等有机溶剂、不溶于水，不耐光，40℃以下稳定，100℃下 7h 褪色，耐酸碱。它可用于氢化植物油、人造奶油、面条、焙烤制品、冷饮、饮料、果脯、糖果和鱼糜制品等的着色。阿魏酸，4-羟基-3-甲氧基肉桂酸，有顺式和反式两种异构结构，顺式为黄色油状，反式为白色或微黄色结晶，在食品、药品和化妆品中多有应用（中华人民共和国药典一部，2010）。利用超声波辅助提取玉米皮内多酚类物质，提取量为（7.26±0.15）mg/g，且具有较强的 DPPH 和 2,2′-联氨双（3-乙基苯并噻唑啉-6-磺酸）二铵盐（ABTS）自由基的清除能力（徐彩红 等，2019）。利用乙醇提取法提取玉米皮中玉米黄色素，当 60% 乙醇体积分数、玉米皮∶乙醇 =1∶15、50℃下 30min 处理，提取率可达到 6.274%（李万林 等，2014）。

4.1.6 提取糖类

玉米皮中含有大量阿拉伯木聚糖，由阿拉伯糖和木糖通过 β-1,4 糖苷键连接而成，两者经过酸水解可得到 L-阿拉伯糖和木糖。L-阿拉伯糖是低热量甜味剂，可制成糖尿病患者食用食品或减肥食品（刘玉春 等，2017）。提取方法通常用到溶剂提取法、酶辅助提取法、微波法、超声辅助提取法、协同辅助提取法。例如，用酶法提取阿拉伯木聚糖，经气相色谱和高效体积排阻色谱分析，所得木聚糖的纯度为 70.51%，提取率为（17.37±2.74）%，数均分子质量为（15.06±0.09）$\times 10^4$g/mol，重均分子质量为（67.87±1.46）$\times 10^4$g/mol，分子量分散系数为 4.51±0.13（谷春梅 等，2019）。

4.1.7 制作有机肥

玉米浆可以增加土壤有机质含量、提高肥力，改善保水透气性，又可调节植物生长、降低化肥使用量。唐世强（2021）以玉米浆为主要原料，料水比在 40% ～ 50% 时有氧发酵，发酵结束转入陈化过程，破碎、造粒、烘干，得到粉状有机肥料。高世军等（2018）先去除玉米浆中亚硫酸盐、加入饱和石灰水并调节 pH，去沉淀后相继加入碱性蛋白酶和木瓜蛋白酶酶解，混合部分磷、氮元素，组成有机肥。

4.1.8 提取玉米纤维油

玉米皮中含有少量的脂类存在，可以提取玉米纤维油。该油包含丰富的油酸、亚油酸、植物甾醇。

4.2 玉米芯

玉米芯由玉米棒脱粒加工获得的穗轴，有机质占总重量的 90% 以上，是玉米加工中质量占比较大的副产物，以纤维素、多聚戊糖、木质素等成分为主，其中存在约 28% 的粗纤维、约 58% 碳水化合物、2% 的粗蛋白及 2% 的粗灰分。以往焚烧和丢弃的做法绝不是好的选择，它可用来制备吸附剂、石墨烯、乙醇、全生物质再生膜或用作发酵原料和基料（吴宪玲 等，2019）。

4.2.1 制备吸附剂

玉米芯可用来吸附重金属、甲醛、亚甲基蓝、孔雀石绿、氨氮等污染物。以玉米芯直接制备活性炭，它表面的含氧基团与 Cr（Ⅵ）发生氧化还原反应，Cr（Ⅵ）还原为 Cr（Ⅲ），并确定了 pH、吸附平衡时间、吸附剂的用量和 Cr（Ⅵ）的初始浓度对吸附的最佳吸附条件，吸附活性中心达到饱和（饱和吸附量达 120mg/g）（章贞阳，2019）。以玉米芯复合碳化后制备吸附剂，比表面积为 991.20m^2/g，优化条件下，Pb^{2+} 去除率为 90.10%，吸附量为 1.50mg/g，并且解吸 6 次，吸附剂对 Pb^{2+} 的去除率仍达 92% 以上。在实际废水（检测 COD、Pb^{2+} 和 Cu^{2+} 初始浓度分别为 563mg/L，23.20mg/L，29.86mg/L）试验中，投加 32g/L 玉米芯吸附剂时，Cu^{2+} 几乎完全被吸附，Pb^{2+} 去除率达 96.10%，剩余浓度为达到第一类污染物最高允许排放浓度限值（李亚飞 等，2021）。以广西当地的两个常见废弃物（螺蛳壳和玉米芯）为原料制作复合吸附剂，协同作用下对 2-羟基-4-甲氧基二苯甲酮（BP-3）的吸附率为 82%，最大吸附容量为 9.34mg/g（王忠凯 等，2021）。

天然玉米芯吸附能力有限，但改性处理可增强其吸附性能。不同温度下将玉米芯生物碳化，具有了介孔结构，表面多了—OH、C═O、C—O 等含氧官能团，能够最大吸附 41.37mg/g 的亚甲基蓝，等温模型拟合表明此吸附为单层吸附（韦会鸽 等，2020）。稀硫酸改性的玉米芯，对低浓度的藏红 T 去除率达 98% 以上，吸附速率控制步骤为粒内扩散控制，吉布斯自由能为负值，吸附为热力学自发过程（熊晓莉，2020）。以甲醇为改性剂制备酯化改性玉米芯，吸附日落黄为自发放热过程，其吸附动力学符合拟二级动力学方程和 Elovich 方程、吸附平衡符合 Langmuir 等温方程，自由能 $\Delta G < 0$，吸附焓变 $\Delta H < 0$（宋应华，2020）。磷酸改性玉米芯，在表面增加了孔道与缝隙结构，出现了 P-O-P 特征吸收峰，相比改性前，对孔雀石绿的吸附率提升了 24% ～ 40%，为自发吸热的过程（黄锦贵 等，2019）。

4.2.2　提取多糖和制备低聚糖

玉米芯是纤维素和聚木糖最为丰富的粮食加工副产物之一，含有30%～40%的多缩戊糖，在生产实践中，玉米芯已是制备多糖（戊聚糖）和低聚木糖的主要原料之一。玉米芯经水解可得到多糖、低聚木糖、木糖等；其中木糖是常用的食品添加剂和甜味剂，广泛用于肉类加工等食品工业，加氢可获得木糖醇，聚合10个左右木糖单体可获得低聚木糖，经异构、氧化还原等系列反应可获得糠醛，经断链分解、氧化还原等系列反应可获得乙醇。玉米芯多糖能够促进植物乳杆菌和嗜热链球菌等体内有益菌的生长，发挥益生元的作用；抑制动物体内α-淀粉酶活性，延缓小肠对葡萄糖吸收，调节血糖水平、修复损伤的胰岛组织、葡萄糖耐量水平、改善血脂水平等（王鑫 等，2021；马永强 等，2020；刘玉辉 等，2020）。

采用酸法、碱法、蒸汽爆破法预处理玉米芯均可提取戊聚糖。通过热解方法处理玉米芯获得戊聚糖，最佳提取率为25.84%，且提取液中含有木二糖、木三糖、木四糖、木五糖、木六糖等低聚糖，峰面积计算低聚糖含量达80.375%。半纤维素也是制备低聚糖的原料，采用碱法、水蒸气热抽提、碱与过氧化物联合提取、弱酸及无机盐提取方法均可提到玉米芯中半纤维素（孟悦 等，2021）。通过碱法提取玉米芯半纤维素，得率达28.2%，大部分为松散结构、分子间存在着β-糖苷键连接，热分解范围为200～300℃。采用酸法、碱法、氧化预处理法、离子液体预处理法以及有机溶剂预处理法等方法可提取玉米芯中木糖（罗兰萍 等，2020）。通过稀酸预处理玉米芯，木糖得率可达86.36%，正交试验极差分析得到提取率影响程度的顺序为：处理温度 > 酸浓度 > 处理时间。阿魏酰低聚糖，由结合态阿魏酸与糖羟基通过酯键连接而成（傅丹宁 等，2020）。通过木聚糖酶水解玉米芯制备阿魏酰低聚糖（图4-5），优化条件下最佳制备含量可达0.7648mmol/L（孙元琳 等，2018）。

玉米芯
↓
加醋酸 → 酶解 → 灭酶 → 离心 → 上清液 → 抽滤 → 浓缩 → **阿魏酰低聚糖**

图4-5　玉米芯阿魏酰低聚糖制备工艺流程（孙元琳 等，2018）

4.2.3 制备糠醛

糠醛（工艺流程见图 4-6），又称 α-呋喃甲醛，杂环类化合物，常用于化工、制药、医药及石油精制、合成树脂等领域。糠醛的生产，有能耗高、污染严重、劳动力密集的弊端：一是粉尘污染；二是产生酸雾；三是糠醛渣含硫量多且少利用；四是含醛蒸汽释放环境中；五是手动程序多、增加了人力和能耗（赵桂花，2019）。利用草酸催化水解玉米芯，避免使用毒性和腐蚀性较强的硫酸和盐酸，玉米芯液化率达到 43.06%，糠醛收率为 11.21%（余一鸣 等，2020）。利用 $Al_2(SO_4)_3$ 催化液化玉米芯，一定条件下玉米芯转化率为 78. 5%，糠醛产率为 84. 9%（汪文睿 等，2019）。

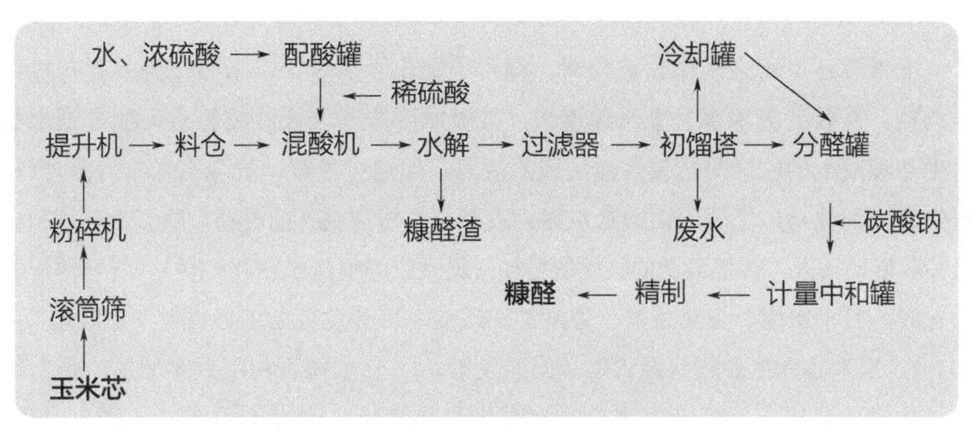

图 4-6 玉米芯制备糠醛生产流程（赵桂花，2019）

4.2.4 用作发酵原料

和很多玉米加工副产物一样，玉米芯量大、价廉和富含纤维的属性，成为优质的培养食用真菌和固态发酵的原料。利用玉米芯可以部分代替 50% 以上的青冈木屑用于栽培香菇，菌丝生长浓密粗壮，保持良好的平均生长速度和平均单菇重，较青冈木屑配方增产，其中的羧甲基纤维素酶、木聚糖酶和漆酶浓度高（杨建杰 等，2021）。利用玉米芯栽培平菇，当体积分数为 80% 时，相比对照，平菇菌丝生长速度和生物量，三磷酸腺苷酶、琥珀酸脱氢酶、碱性磷酸酶、漆酶、蛋白酶等活性均有提高，有效促进平菇菌丝的生长（胡素娟 等，2021）。以玉米芯为基质培养黑曲霉（柠檬酸生产菌种）孢子，优化碳源、氮源等发酵条件，发现碳源和氮源浓度均对孢子的产生有显著的影响，得到最高霉孢子数约为 9.5×10^7 个（杨海雁 等，2019）。放线菌通过产生的酶系、快速的生长和发达的菌丝降解玉米芯中纤维素，从而提高纤维素的水溶性、增强菌丝穿透性，达到降解木质素的目的，且在高温及高碱等极端环境下亦能实现对木质素的降解，降解率可达 27.264%（刘晓飞 等，2020）。玉米芯作为培养解脂耶氏酵母（赤藓醇生产菌种）的唯一碳源，最适碳源浓度为 60g/L，优化氯化钠浓度、氮源种类及浓度以及 Zn^{2+}和 Fe^{3+}浓度，持续发酵 96h，赤藓醇的产量最高可达 37.26g/L，赤藓醇转换率可达 62.1%（王继承 等，2019）。

4.2.5 其他用途

玉米芯还可用来制作建筑材料、饲用、制作食品等。玉米芯作为多孔有机纤维结构，有较大吸水率且吸水速度快，其吸水膨胀和干燥收缩特点可能是玉米芯对生态混凝土的收缩与抗裂性能达成的缺点，但通过考察，发现玉米芯为粗骨料、再生砂为细骨料、快硬硫铝酸盐水泥为胶凝材料协同制备的材料，随玉米芯体积含量和胶砂比增大，该混凝土的收缩值增加（最大收缩值低于 600×10^6），与普通混凝土无异，且干密度、导热系数、强度都在改变，可开发轻型墙体材料（冀晓珊 等，2021）。玉米芯为主要底料经青贮等固态发酵，大分子物质利用效率增加，蛋白质转化效率明显提高，将产生明显的酒香味和乳酸味，pH 值、乳酸、乙酸、丙酸、丁酸含量有不同程度改变，产品色泽、口味、质构都会明显改善，提高了玉米芯基饲料品质（罗盈 等，2021；林标声 等，2021）。以玉米芯为主要发酵原料，酵母和纤维素酶协同作用下发酵 84h，得到的低醇饮料酒精度为 6.1%，感官综合评分 92（Li et al.，2019）。以碱法提取的玉米芯木聚糖后，可通过三氧化硫-吡啶方法合成玉米芯木聚糖硫酸酯，所制备得到硫酸酯的取代度为 1.53，得率为 78.2%，重均分子量为 36754，分散系数为 1.19，抗凝血活性可与肝素钠相当（樊洪玉 等，2019）。

4.3 玉米须

玉米须，是禾本科玉蜀黍属植物玉米的花柱和柱头，长 30cm、直径 0.5mm，呈淡绿色、黄绿色或棕红色，包含黄酮、黄酮苷、生物碱、有机酸、甾醇、挥发油脂及糖类等化学成分（孙婷，2019），大量元素中K的含量最高（16436.57～19599.22mg/kg），微量元素中Mn的含量最高（27.22～36.19mg/kg）（陈广云 等，2020）。它的水提物包含水溶性多糖和氨基酸、无机盐、皂苷等，有降血脂和血糖功能；醇提物包含黄酮及其苷类等脂溶性物质，有抑菌、抗氧化、防癌等功能（张国丽 等，2020）。

玉米须的应用问题：一是质轻、需要量大，收集难，贮藏难，对标准化、连续化生产提出挑战，需要采收、保鲜、干燥技术进一步研发；二是品质差异大，受玉米品种、收获时间、气候、温度等客观条件影响，提取物的种类、含量及提取率有较大不同，药用则对药性影响更大；三是需要开发多样化的加工技术和成品种类。

4.3.1 食药两用

玉米须，可食药两用，常见以茶饮服之，而最早药用记载于《滇南本草》，距今500余年。

玉米须饮品，低热量、低糖、低脂肪，以及天然、健康、提神、解渴等功效，为很多消费者喜爱，既比碳酸饮料爽口、解渴，又比普通饮料清香淡雅且富含多种营养成分，已开发出玉米须风味饮料、保健饮料、发酵饮料、风味凉茶、袋泡茶等多种产品形式（姚连谋 等，2021）。通过玉米须和蒲公英为原料（比例为6∶4），得到最佳风味的配方条件为：混合汁添加量30%、柠檬酸添加量0.04%、蜂蜜添加量3%、稳定剂添加量0.25%（乔兴 等，2020）。通过玉米须和牛蒡浸提液（比例为7∶3）制备饮料，感官品质为指标，当料液比1∶50、pH6.5、80℃浸提80min条件下，饮料稳定性好、成本降低同时感官品质佳（田海苹 等，2019）。通过混合玉米须（55%）、沙棘（25%）、山楂（10%）、甘草（6%）制得口服液，其中多糖含量15.01mg/mL、黄酮含量0.1mg/mL；通过小鼠负重游泳实验，结果表明：血清尿素含量降低、肝糖原含量增加、游泳时间延长，说明该口服液有较好的抗疲劳效果（芮怀瑾 等，2020）。通过有机溶剂提取玉米须得到液体，配以西红柿、苹果和大豆果蔬原汁研制果蔬复合酵素饮料，接种量2%，31℃下发酵41h，DPPH自由基清除率为62.88%，感官评分也最高（宁楚洁 等，2019）。玉米须饮料制作工艺流程见图 4-7。

玉米须
↓
预处理→浸泡→过滤→玉米须液→添加食品添加剂→均质→杀菌→**灌装饮品**

图 4-7　玉米须饮料制作工艺流程

玉米须具有很好的保健和预防疾病的功效。例如，高血糖患者早、晚两次口服玉米须水煮液，8 周一疗程，共 4 个疗程，能够显著逆转空腹糖及糖耐量损害，有效预防糖尿病发生，减少患病率（马乃华 等，2020）。运用中药系统药理学数据库和分析平台筛选玉米须药用活性成分，构建疾病靶标网络，在人类表型术语集和毒性与基因比较数据库中找到 12 个活性成分和 92 个关键靶标，主要参与胰岛素信号通路和 AMPK 信号通路等途径，由此推测，玉米须可能调节 AKT1 和 INSR 蛋白或 AMPK 信号通路，进而参与胰岛素信号通路、干预 2 型糖尿病（高莹 等，2019）。

4.3.2　提取多糖

多糖是玉米须主要的水溶性成分之一，玉米须的很多功能均与其中的多糖相关，如抗氧化、利尿、降血糖、降压、增强免疫、抗癌等。常见的多糖提取方法——回流法、透析法、水提法、超声法、微波法、醇提法、半仿生法水浸提法、酸解提取法、酶法、微波协同酶法等，同样适用于玉米须多糖提取。采用水提醇沉法提取玉米须多糖，最佳提取条件是液料比 15.9∶1，84.5℃提取 62min，水提次数 2 次，多糖提取率为 4.28%（陈燕萌 等，2021）。采用酸提取多糖和水提取多糖的得率分别为 33.36% 和 7.44%，通过 DPPH 和 ABTS 清除率对比，水提取多糖的抗氧化活性更强，多糖和糖醛酸的含量较低（李亚平 等，2020）。对比热水浸提法、超声辅助法、酶辅助法、微波辅助法和酶联合超声辅助法提取多糖，提取率分别为 1.12%、3.71%、4.93%、1.56% 和 9.53%，且酶联合超声辅助法提取多糖的 DPPH 清除率为 79%，对大肠球菌和金黄色葡萄球菌的抑菌效果也最好（刘东琦 等，2021）。采用水提醇沉法提取玉米须多糖，提取率为 10.88%；当多糖添加量为 0.6% ～ 0.9% 制作面条时，能够改善面条的品质，吸水率、弹性、回复性、硬度、咀嚼性、拉断力和拉伸距离、感官评分等俱佳（黄晓梅 等，2021）。采用乙醇沉淀分离方法超滤提取、分级纯化为4种多糖（CSP、CSP-1、CSP-2和CSP-3），CSP、CSP-1和CSP-2可有效提高小鼠抗体产生量，激活巨噬细胞，而CSP-3仅能提高体液免疫能力（宫春宇 等，2021）。玉米须多糖还可影响动物血清中血糖、总胆固醇、甘油三酯、低密度脂蛋白和高密度脂蛋白含量，肝脏中多种酶含量，体重及糖耐量，降低血脂水平，减少肝细胞脂肪样变性，增加肝糖原含量等（胡玉立 等，2021；藏传刚 等，2021）。

4.3.3 提取黄酮等多酚物质

黄酮类作为玉米须最重要的功能活性成分之一，其含量约是玉米粒的15倍，是高效的天然抗氧化剂。基于高效液相色谱-飞行时间质谱联用技术，鉴定了玉米须总黄酮中的19个化合物，包括3个黄酮化合物，16个黄酮苷（3个单糖苷和13个二糖苷）（易涛 等，2019）。玉米须黄酮，其DPPH自由基的清除效果优于维生素E，与2,6-二叔丁基-4-甲基苯酚（BHT）相当，添加到冷藏猪肉糜中，可有效地抑制猪肉糜的pH值和脂质氧化，故能够维持感官品质和质构特性及肉质品质（芮怀瑾 等，2019）。采用超临界CO_2萃取方法提取玉米须多酚，最大提取量为8.54mg/g，同时玉米须多酚达到250mg/mL时，对DPPH自由基清除效果与BHT和维生素C相当（关海宁 等，2019）。玉米须花青素提取工艺流程见图4-8。

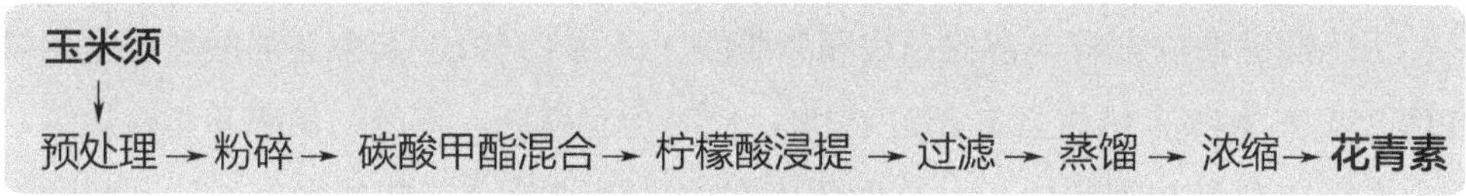

玉米须
↓
预处理→粉碎→碳酸甲酯混合→柠檬酸浸提→过滤→蒸馏→浓缩→**花青素**

图4-8 玉米须花青素提取工艺流程（高磊，2019）

4.3.4 其他用途

玉米须中提取的总皂苷灌胃高脂饮食诱导的肥胖大鼠，降低体质量、内脏脂肪湿质量、体脂比、空腹血糖、三酰甘油、总胆固醇、低密度脂蛋白胆固醇及空腹胰岛素水平，脂肪细胞体积明显减小，下调脂肪组织中GOS2 mRNA和蛋白表达、上调ATGL mRNA和蛋白表达（余渊 等，2019）。以玉米须为碳前驱体，通过高温热解法成功制备玉米须衍生磁性多孔碳，有多孔结构且有大量吸附位点，对孔雀石绿的最大吸附量可达 312.5mg/g（陈柏森 等，2020）。玉米须经浓缩、萃取、调制等步骤，可回收其中的香气，并制得香精（安宣宇 等，2020）。

4.4 玉米胚芽

玉米胚芽位于玉米籽粒的下部，也是玉米淀粉加工生产线的副产物，包含玉米籽粒 1/5 的蛋白质、4/5 的矿物质和脂肪，得到 600 ～ 700t 胚芽需要消耗约 10000t 玉米籽粒。玉米胚芽可以提取胚芽油，剩余的胚芽粕可以当作饲料，提取蛋白和多肽、超氧化物歧化酶及制作蛋白饮料等。

玉米胚芽中含大量的 α-淀粉酶和脂肪酶，因而储藏温度越高、时间越长，其中的蛋白质、淀粉和脂肪含量越会下降，而脂肪酸值上升（王文华 等，2019）。灭酶同时最大限度保持玉米胚芽理化品质，热风干燥、常压蒸汽、高压蒸汽、微波处理、挤压膨化和酶法处理等方法都是常用的稳态化方法。

4.4.1 提取玉米胚芽油

玉米胚芽油，含有丰富的不饱和脂肪酸（高达 85%），其中亚油酸和花生四烯酸达 35% ～ 64%，维生素 E 超过 0.1%，同时含有磷脂、甾醇、烷醇和角鲨烯等。

在近年研究与利用中，一方面集中在改良提取分步工艺技术上。如利用酶法脱胶代替水化或酸法脱胶，在磷脂酶 C 加酶量为 5000U/kg，35℃酶解 1h 条件下，玉米胚芽油磷含量由 102.7mg/kg 降至 24.0mg/kg，水解率为 76.6%，提高了脱胶效率、降低了工艺成本（胡婷婷 等，2021）。运用速冷结晶养晶脱蜡技术代替溶剂法、静电法、尿素法 等，有产品质量好、保存时间长、节约能耗和投资小的优势（刘晏东，2020）。另一方面集中于如何运用新技术提高出油率。压榨法、预榨浸出法、索氏提取法和超临界 CO_2 萃取法等是其常见提取工艺（图 4-9），而水酶法提取胚芽油被认为是一种绿色且极具前途的技术（图 4-10）。水酶法不需要进行脱胶处理，精炼条件温和简单，分离后产物便于综合利用加工，一是破坏细胞壁结构、使油脂可顺利流出；二是通过降解脂多糖、脂蛋白等复合体，增加油脂流动性、破坏磨浆过程中包裹在油滴表面的脂蛋白膜，从而提高出油率（杨潇 等，2019）；三是稳定胚芽原料品质。水分含量和湿度环境显著影响着玉米胚芽的贮藏稳定性，如贮藏 50d，5% 和 9% 水分含量的玉米胚芽所制油脂的酸值变化在 31.06% ～ 37.45%，相反 12% 水分含量的玉米胚芽的酸值显著增加了 1.9 倍；水分高于 9% 会加速玉米胚芽油中维生素 E 和植物甾醇含量降低及玉米赤霉烯酮含量的升高；贮藏环境湿度大于 50% 会显著加速玉米胚芽油过氧化值的升高，维生素 E 和植物甾醇含量则会下降（王月华 等，2020）。

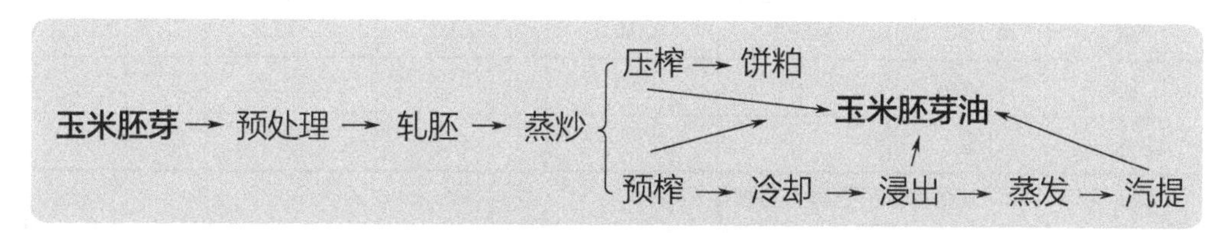

图 4-9 玉米胚芽油提取工艺流程（压榨法和预榨浸出法）

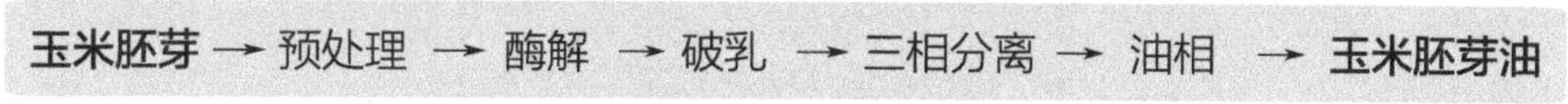

玉米胚芽 → 预处理 → 酶解 → 破乳 → 三相分离 → 油相 → **玉米胚芽油**

图 4-10 玉米胚芽油提取工艺流程（水酶法）

4.4.2 提取玉米胚芽粕和饲用

玉米胚芽粕是提取玉米胚芽油后的饼粕类物质和主要副产品，粗纤维含量较高、氨基酸组成合理、生物效价高；如表 4-3 所示，一般粗蛋白≥ 16.0%，粗纤维≤ 10.0%，粗脂肪≤ 2.0%，粗灰分≤ 3.0%。

玉米胚芽粕常用于畜禽饲料，其中的农药残留和重金属含量较低，风险较大的指标为玉米赤霉烯酮，而且喷浆处理得到更高蛋白质含量同时毒素污染也更严重（程传民 等，2021），其质量指标见表 4-3。用玉米胚芽粕替代 30% 的基础饲粮，评定玉米胚芽粕在肉仔鸡中的氮校正表观代谢能，其能量的利用率较低，而回肠的氨基酸表观消化率较高为（78.67±0.02）%（陶丽娟 等，2020）。用米曲霉固态发酵玉米胚芽粕，得到的饲料中可溶性蛋白含量为 82.7%，氨基酸总量和疏水性氨基酸总量分别提高了 12.49% 和 6.29%，表面疏水性、游离巯基含量分别增加了

10.3μmol/g 和 1.5μmol/g，DPPH 自由基清除率 76.5%，还原力为 0.81，抗氧化性均比发酵前提高（张会 等，2019）。而评价玉米胚芽粕和玉米干酒糟及其可溶物在樱桃谷肉鸭饲养过程中的代谢能，其中玉米胚芽粕的表观代谢能、氮校正表观代谢能、真代谢能和氮校正真代谢能的平均值分别为 7.87MJ/kg、7.93MJ/kg、9.36MJ/kg 和 8.80MJ/kg，为玉米胚芽粕在肉鸭饲粮中的精准、高效利用提供技术数据（舒维成 等，2020）。

表4-3　玉米胚芽粕的质量指标

等级	粗蛋白质 /%	粗灰分 /%	粗纤维 /%	粗脂肪 /%	水分 /%	杂质 /%
一级	≥ 18.0	≤ 3.0	≤ 10.0	≤ 2.0	≤ 12.0	≤ 0.5
二级	≥ 16.0					
等外	<16.0					

注：除水分外，其他均以干物质为基础计算。

4.4.3　提取玉米胚芽蛋白和多肽

玉米胚芽经干燥，其中蛋白质占 18% ～ 20%，易于吸收，是一种优质全价蛋白质。再通过蛋白酶酶解胚芽蛋白，可得玉米胚芽多肽（图 4-11），这种可溶性小分子肽类具有多种生物活性，可用于功能性食品和医药领域。利用胚芽蛋白的两亲性质制作 Pickering 乳液（水包油型），随 pH 的增加，乳液粒径先增后减，电位绝对值先减后增，表观黏度先增后减，当 pH11 的乳液贮藏 1 ～ 7d 均未出现分层时，贮藏稳定性最好（张会 等，2019）。采用复合酶法提取玉米胚芽多肽，多肽的浓度平均值为 5.839mg/mL，经纯化，在＞ 1.7kDa 区域电泳呈现较为单一的条带，干燥获取得到样品有 OH 自由基和 ABTS 自由基的清除率及较好的还原性；而且在小鼠模型中醒酒时间、血清乙醇浓度、血清酶以及肝脏指数等检测中，表现出醒酒护肝作用（魏涵伟，2020）。

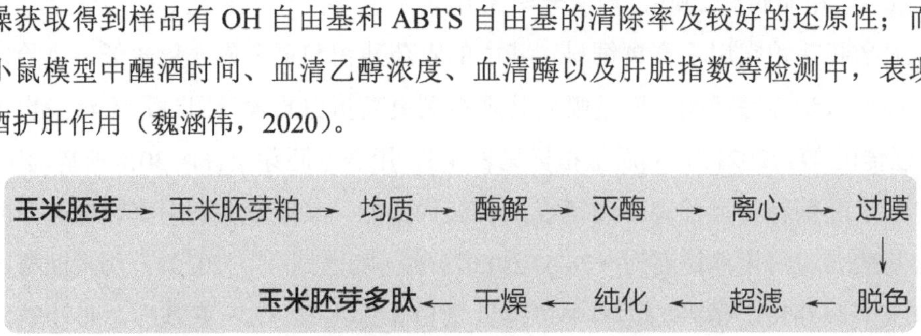

玉米胚芽→ 玉米胚芽粕 → 均质 → 酶解 → 灭酶 → 离心 → 过膜
↓
玉米胚芽多肽← 干燥 ← 纯化 ← 超滤 ← 脱色

图 4-11　玉米胚芽多肽提取工艺流程（魏涵伟，2020）

4.4.4 利用味精废水

玉米作为淀粉来源之一被广泛使用到味精制备过程（图 4-12）。我国味精产需量大，味精生产中需要玉米淀粉作为发酵原料，产生的味精废液等玉米加工副产物没有得到有效利用，造成巨大的浪费，而味精废水作为一种难处理的高浓度有机废水，具有高 COD、高 BOD、高 SO_4^{2-}、高氨氮、高悬浮物、低 pH 等特点，不合理的处理及排放也给环境带来污染，造成难以估量的经济损失。味精废水中总氮为 0.8% ～ 1.0%，其中氨态氮占 80%，是优质氮肥；菌体占废水总量 1%，是优质蛋白资源，可作为优质、廉价饲料原料，亦可二次发酵，生产益生菌或单细胞蛋白。

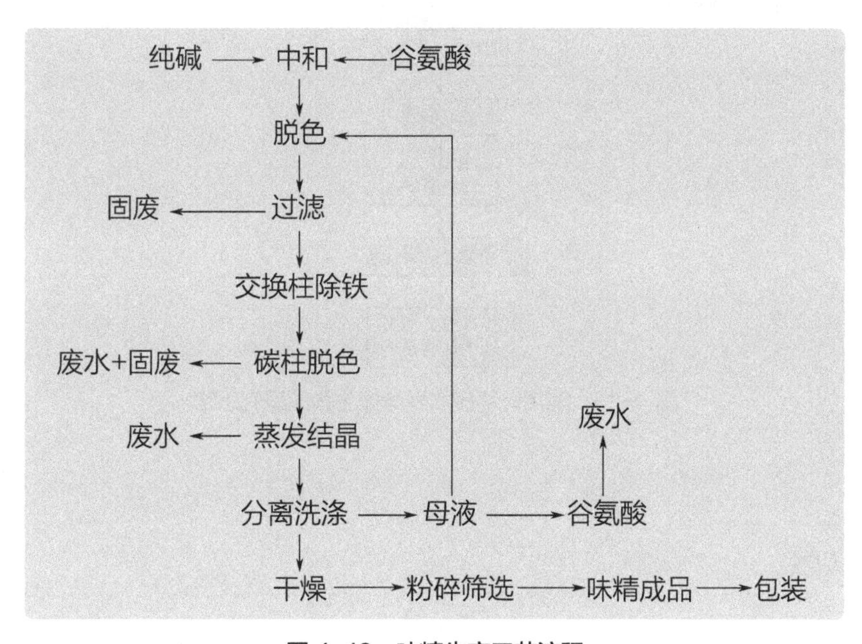

图 4-12　味精生产工艺流程

本团队筛选能耐受高浓度硫酸铵微生物，利用微生物自身代谢降低高浓度氨用于生长，并可提高菌体蛋白含量；筛选或利用具有降解纤维素能力的益生菌，降解味精加工副产物中玉米皮中纤维素，使其更利于动物消化。首先，采集不同味精厂的排水沟污泥、污水、废液池等地方的样品，从 500 个单菌落中筛选获得拥有完全自主知识产权，可在含有 50% 浓度硫酸铵的培养基中生长的菌株——汉逊德巴利酵母（专利申请号：201510823517.5）。接下来针对 pH、装液量、接种量、碳源、氮源、无机盐等因素分析，获得酵母发酵培养的最佳发酵工艺条件，利用味精废水发酵得到微生物湿重分别为10.02%和16.78%，是优化前的2.84倍和3.11倍，酵母活菌数可达到10^8～10^9CFU/mL，比优化前提高了2个数量级。另外筛选获得降解纤维素能力强的曲霉1株，培养6d时酶活为20.22U。这样，一方面筛选出可以耐受高浓度硫酸铵的菌株，发酵利用味精废水，另一方面开发出利用玉米加工副产物的微生物制剂和发酵饲料，提高了玉米加工副产物的利用率。详见图4-13。

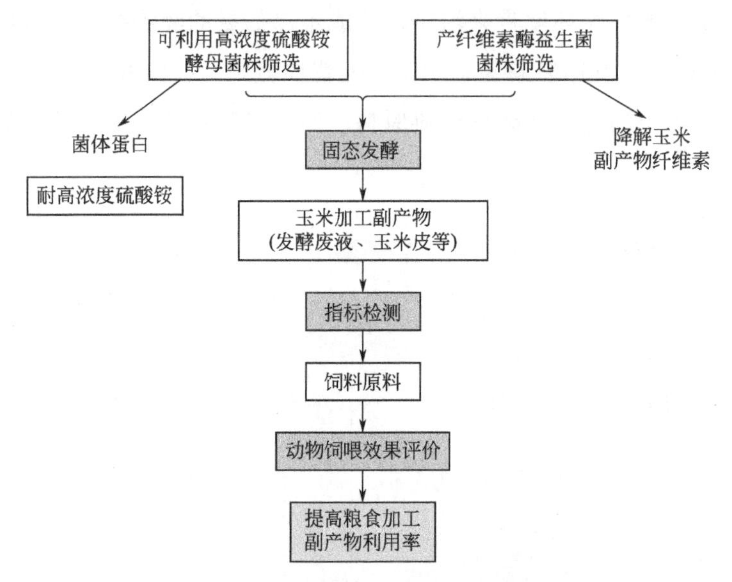

图4-13 利用味精废水发酵微生物的研究思路

参考文献

安宣宇，张永利，张宝通，等.一种天然玉米须、玉米芯香精的制备方法[P].中国：202010681275.1，2020-07-15.

藏传刚，任珊，刘宇超，等，2021.玉米须多糖与普洱茶多糖降血糖、降血脂作用研究[J].中国医学创新，18（16）：29-34.

曾绘锦，田刚，鲁院院，等，2020.喷浆玉米皮对生长肉兔的营养价值评定[J].饲料工业，41（15）：29-34.

陈柏森，王希越，祝波，等，2020.玉米须衍生磁性多孔碳的制备及其对海水中孔雀石绿的萃取[J].分析测试学报，39（8）：993-999.

陈闯，张放，杜兰威，等，2021.生物酶法改性玉米皮渣膳食纤维工艺研究[J].食品研究与开发，42（11）：121-124.

陈广云，金鹏，陈小红，等，2020. 电感耦合等离子体质谱法同时测定玉米须中26种无机元素[J]. 中国药业，29（23）：28-32.

陈燕萌，招幸辰，张鹏，2021. 响应面优化水提法提取玉米须多糖的工艺研究[J]. 山东化工，50（11）：49-52.

程传民，李云，王宇萍，等，2021. 玉米胚芽粕质量安全现状与应用[J]. 中国饲料，5：78-83.

程曦，刘进峰，刘丽虹，等，2020. 玉米浆在阿维菌素发酵配方经济性优化中的应用[J]. 发酵科技通讯，49（2）：85-89.

樊洪玉，卫民，赵剑，等，2019. 玉米芯木聚糖硫酸酯的合成、表征及其抗凝血活性[J]. 生物质化学工程，53（4）：1-8.

傅丹宁，唐艳军，李勉，2020. 稀酸预处理玉米芯提取木糖的研究[J]. 中国造纸，39（3）：35-43.

高磊. 一种提取玉米须花青素的方法[P]. 中国：201911087987.4，2019-11-08.

高世军，刘象刚，王志强，等. 一种利用玉米浆与赖氨酸发酵废液制作生物有机肥的方法[P]. 中国：201811463548.4，2018-12-03.

高莹，张晶璇，黄羚，2019. 基于网络药理学挖掘玉米须干预糖尿病的机制研究[J]. 天津中医药，36（7）：705-709.

宫春宇，刘羽婷，单佳明，等，2021. 玉米须多糖的乙醇沉淀分离及体内免疫调节作用研究[J]. 食品与发酵工业，47（1）：143-147.

谷春梅，尹佳玉，姜雷，2019. 酶法提取对玉米皮阿拉伯木聚糖组成及分子质量分布的影响[J]. 食品科学，40（6）：28-34.

关海宁，刁小琴，乔秀丽，等，2019. 响应面优化超临界CO_2萃取玉米须多酚工艺及抗氧化性研究[J]. 食品研究与开发，40（6）：120-125.

国家药典委员会，2010. 中华人民共和国药典一部[M]. 北京：中国医药科技出版社.

何津平，罗仕洪，邓道永，等，2019. 秸秆玉米浆混合发酵对肉羊生长及血液指标的影响[J]. 畜牧兽医科技信息，6：159.

胡素娟，宋凯博，刘芹，等，2021. 玉米芯发酵料水浸提液促平菇菌丝生长的机理研究[J]. 河南农业大学学报，55（2）：273-280.

胡婷婷，王灵，林康森，等，2021. 太瑞斯梭孢壳霉磷脂酶C在玉米胚芽油脱胶中的应用研究[J]. 粮油食品科技，29（3）：98-103.

胡玉立，丁雷，李梅，等，2021. 玉米须多糖对糖尿病大鼠的糖脂代谢及PGC-1α蛋白糖异生信号通路的影响[J]. 环球中医药，14（6）：1000-1006.

黄锦贵，张晓然，梁维新，2019. 改性玉米芯对孔雀石绿的吸附研究[J]. 安徽农业科学，47（12）：62-66.

黄晓梅，伍兴武，吴琼峰，等，2021. 玉米须多糖的提取及其对面条品质的影响[J]. 粮食与油脂，34（6）：64-67.

冀晓珊，李秋义，刘娟，等，2021. 玉米芯-再生骨料复合生态混凝土收缩性能试验研究[J].

建筑材料研究与应用，43（5）：29-33.

姜明明，马玉林，陈旭，等，2020. 氨碱复合处理对水稻秸秆营养成分和瘤胃降解特性的影响 [J]. 动物营养学报，32（7）：3181-3189.

姜未公，刘晓兰，2019. 毛霉水解玉米浆制备植物蛋白调味液的条件初探 [J]. 齐齐哈尔大学学报（自然科学版），35（2）：68-72.

秸秆与玉米浆混合生物饲料生产技术规程 . DB22/T 3085—2019[S].

李万林，钟姣姣，刘彩芬，等，2014. 超声波强化提取玉米黄色素工艺条件优化 [J]. 西部皮革，36（12）：22-26.

李亚飞，杨毅，王一博，等，2021. 污泥复合玉米芯碳化吸附剂对 Pb^{2+} 的吸附特性 [J]. 应用化工，50（5）：1211-1217.

李亚平，周鸿立，2020. 玉米须多糖酸提取工艺及其抗氧化活性的研究 [J]. 粮食与油脂，33（8）：86-90.

林标声，严建彬，钟志龙，等，2021. 玉米芯菌酶协同发酵饲料的制备工艺条件 [J]. 龙岩学院学报，39（2）：55-60.

刘东琦，韩 雪，石俊姣，等，2021. 玉米须多糖不同提取方法对体外活性的影响 [J]. 农产品加工，525（4）：36-38.

刘鹏，郭佳，王少云，等，2020. 玉米浆中磷含量对红霉素发酵的影响研究 [J]. 中国化工贸易：209-211.

刘晓飞，侯艳，马京求，等，2020. 降解玉米芯木质纤维素放线菌的筛选与发酵条件优化 [J]. 农业机械学报，51（11）：329-337.

刘晏东，2020. 试论玉米胚芽油的新型脱蜡工艺技术 [J]. 农民致富之友，228.

刘玉春，孙庆杰，2017. 工业玉米副产品玉米皮精深加工技术进展 [J]. 农产品加工，425(2)：72-75.

刘玉辉，王瑞芳，安晓萍，等，2020. 玉米芯多糖的微生物发酵工艺及其单糖组成和体外益生活性研究 [J]. 食品工业科技，41（5）：107-112.

罗兰萍，李翔，2020. 玉米芯半纤维素的制备及表征 [J]. 粮食与油脂，33（6）：88-91.

罗盈，罗樱宁，包锦泽，等，2021. 添加剂和青贮密度对玉米穗和玉米芯青贮发酵品质的互作效应分析 [J]. 饲料工业，42（6）：35-37.

马乃华，胡敬琴，徐东，2020. 中药玉米须水煮液联合生活方式调节防治空腹糖及糖耐量损害的临床观察 [J]. 健康大视野，440（2）：131+133.

马永强，张凯，王鑫，等，2020. 甜玉米芯多糖对糖尿病大鼠的降血糖作用 [J]. 食品科学，41（13）：169-173.

孟悦，田志刚，刘香英，等，2021. 玉米芯高温热解提取戊聚糖工艺优化 [J]. 食品研究与开发，42（1）：112-116.

宁楚洁，赵倩，谢春阳，等，2019. 玉米须果蔬复合酵素饮料的研制及其抗氧化活性 [J]. 食品研究与开发，40（20）：116-122.

乔兴，李双琦，李夔昕，2020. 正交试验优化玉米须蒲公英复合饮料配方 [J]. 粮食与油脂，

33（9）：60-63.

芮怀瑾，刘郁，白云，等，2020. 玉米须牛蒡复合饮料的工艺研究 [J]. 食品研究与开发，41（21）：129-136.

芮怀瑾，孙婷婷，吴昊，等，2019. 玉米须黄酮对冷藏猪肉糜脂质氧化的影响 [J]. 食品研究与开发，40（14）：62-68.

舒维成，曾秋凤，丁雪梅，等，2020. 玉米胚芽粕和玉米干酒糟及其可溶物肉鸭代谢能评定 [J]. 动物营养学报，32（7）：3162-3170.

饲料原料 喷浆玉米皮 . NY/T 3878—2021[S].

宋应华，2020. 甲醇酯化改性玉米芯吸附水溶液中日落黄 [J]. 化学研究与应用，32（9）：1646-1651.

孙元琳，白宇仁，王晓闻，等，2018. 酶法制备玉米芯阿魏酰低聚糖的工艺条件优化 [J]. 食品研究与开发，39（20）：112-117.

唐世强 . 一种利用玉米浆浓缩液制作生物有机肥的方法 [P]. 中国：202110050722.8，2021-01-14.

陶丽娟，张艳春，李建涛，等，2020. 玉米胚芽粕对肉仔鸡的代谢能和回肠氨基酸表观消化率的测定 [J]. 沈阳农业大学学报，51（6）：741-746.

田海苹，周鸿立，李兵，2019. 玉米须口服液的研制及其抗疲劳功能评价 [J]. 食品研究与开发，40（5）：106-110.

佟毅，李义，袁恺，等 . 以玉米浆为原料进行发酵制备 PHA 的方法 [P]. 中国：202010492508.3，2020-06-03.

汪文睿，项东，2019. $Al_2(SO_4)_3$ 催化玉米芯直接液化制备糠醛研究 [J]. 应用化工，48（7）：1531-1534+1539.

王丹，马玉涛，李军，等，2020. 超微粉碎辅助提取玉米皮水溶性膳食纤维的研究 [J]. 齐齐哈尔大学学报 (自然科学版)，36（4）：57-60.

王继承，史新星，陈文静，等，2019. 解脂耶氏酵母（*Y.lipolytica*）利用玉米芯发酵产赤藓醇的研究 [J]. 食品与发酵科技，55（4）：23-27.

王文华，郭丽，2019. 储藏温度对玉米胚芽和胚乳生理变化的影响 [J]. 粮食与油脂，32（5）：68-71.

王鑫，王峙力，谢静南，等 . 甜玉米芯多糖对 α-淀粉酶抑制作用研究 [J]. 食品工业科技，2021，42（10）：48-54.

王月华，程芳园，成良玉，等，2020. 玉米胚芽贮藏期水分含量及环境湿度对玉米胚芽油品质的影响 [J]. 河南工业大学学报（自然科学版），41（5）：105-109.

王忠凯，汤睿，李泽华，等，2021. 螺蛳壳和玉米芯复合吸附剂的制备及其对 BP-3 的去除 [J]. 应用化工，50（2）：324-330.

韦会鸽，李岱原，马俊辉，等，2020. 玉米芯基生物炭的制备及其吸附性能 [J]. 兰州理工大学学报，46（6）：77-84.

魏涵伟，2020. 玉米胚芽多肽的提取、分离以及生物活性的研究 [D]. 齐鲁工业大学 .

吴宪玲，侯晓玉，王笑可，等，2019. 玉米芯的综合利用研究现状 [J]. 农业科技与装备，294

（6）：59-60.

熊晓莉，2020. 酸处理玉米芯对水中藏红 T 的吸附研究 [J]. 应用化工，49（7）：1687-1691.

徐彩红，金畏荃，姜忠丽，等，2019. 玉米皮多酚提取工艺优化及抗氧化性研究 [J]. 核农学报，33（9）：1774-1782.

杨海雁，于喆源，2019. Box-Behnken 模型响应面法优化以玉米芯为基质培养黑曲霉孢子的工艺 [J]. 食品研究与开发，40（20）：207-212.

杨建杰，张桂香，杨琴，等，2021. 玉米芯栽培香菇的配方优化及胞外酶活性研究 [J]. 中国食用菌，40（4）：26-31.

杨潇，初柏君，惠菊，等，2019. 水酶法制取玉米胚芽油和葵花籽油的研究现状 [J]. 粮食与食品工业，26（2）：1-5+10.

姚连谋，张怡，乔勇进，2021. 玉米须采后处理技术及产品开发前景 [J]. 保鲜与加工，21（3）：146-150.

易涛，赵钟祥，刘孟渊，2019. 基于 HPLC-QTOF-MS 技术的玉米须总黄酮化学成分分析 [J]. 中国药师，22（10）：1776-1780.

余一鸣，王君，万钧，等，2020. 草酸催化玉米芯水解制备糠醛的研究 [J]. 安徽理工大学学报（自然科学版），40（6）：48-53.

余渊，程杰，田鲁，等，2019. 玉米须总皂苷对肥胖大鼠脂肪组织的调节作用研究 [J]. 现代中西医结合杂志，28（2）：115-120.

张国丽，胡爱华，敖晓琳，2020. 玉米须提取物功能研究进展 [J]. 农产品加工，498（2）：93-95.

张会，任健，2019. pH 对玉米胚芽蛋白 Pickering 乳液稳定性及流变学性质的影响 [J]. 中国油脂，44（3）：43-52+57.

张会，任健，2019. 米曲霉固态发酵玉米胚芽粕对蛋白质理化性质及抗氧化性的影响 [J]. 中国油脂，44（6）：128-132.

章贞阳，2019. 玉米芯活性炭的制备及其对废水中 Cr（Ⅵ）的吸附性能研究 [J]. 安徽农业科学，47(12)：78-82.

赵桂花，2019. 以玉米芯为原料的糠醛生产模式探析 [J]. 现代农业科技，13：156-157+162.

赵华，王虹，任晶，等，2012. 响应面法提取玉米醇溶蛋白的工艺优化 [J]. 食品研究与开发，33（5）：38-40+44.

Han Wei, Zhang Xioalin, Wang Dawei,et al., 2013. Effects of microencapsulated *Enterococcus fecalis* CG1.0007 on growth performance, antioxidation activity, and intestinal microbiota in broiler chickens[J]. Journal of animal, 91(9)：4374-4382.

Li Xin she, Lu Bu shi, Wang Jie, et al., 2019.Brewing of low-alcoholic drink from corncobs via yeast-cellulase synchronous fermentation process[J]. Journal of central south university, 26：3008-3016.

第5章

大豆加工副产物

大豆原产于中国，是优质的蛋白和油脂的重要来源，因其丰富的营养价值，有“豆中之王”的美誉。我国大豆消耗量极大且对外依存度高，2021 年我国大豆总产量约 1965.5 万吨，比 2020 年减少 320 万吨，下降 14.0%，而进口量亦接近 1 亿吨（表 5-1）；用途很集中，主要用于榨取食用油和获得饲用豆粕。大豆经加工后产生的豆粕、大豆皮、豆渣、大豆乳清废水和黄浆水等副产物（表 5-2），大

表5-1　2016—2021年国内大豆进口情况（贺燕 等，2020；海关数据）

年度	进口量 / 万吨	年度	进口量 / 万吨
2016	8323	2019	8858
2017	9556	2020	10022
2018	8806	2021	9652

表5-2　大豆加工副产物的主要用途

副产物名称	主要用途
豆粕	饲用、提取大豆蛋白、制备大豆肽
大豆乳清废水和黄浆水	提取大豆低聚糖、提取大豆异黄酮、提取大豆乳清蛋白、生产合生元
大豆皮	提取膳食纤维、制备果胶多糖、提取过氧化物酶
豆渣	饲用、提取膳食纤维、制备大豆低聚糖、提取维生素、提取大豆异黄酮、制取草酸、制备羧甲基纤维素、制备多孔碳、用作发酵原料、用作食品配料
大豆磷脂	食用或药用

部分仍是作为饲料或直接废弃，造成大量浪费的同时，也对环境造成不同程度的污染。因此，加强大豆加工副产物的研究和综合利用，对提高大豆利用率及环境保护都有十分重要的现实意义（崔慧 等，2016）。

5.1 豆粕

豆粕，是大豆经预压浸提或直接溶剂提取油后得到的副产品，或由大豆饼提取油后获得的副产品，一般外观呈浅黄褐色或淡黄色不规则的碎片段（李爱科，2012）。豆粕的产量大、应用广泛，具有蛋白质含量高（40% ～ 50%）、氨基酸构成相对合理、消化吸收率高等特点。豆粕可采用碱溶酸沉等技术提取其中的大豆分离蛋白、大豆组织蛋白，亦可通过蛋白酶酶解或微生物发酵等手段将蛋白降解为其他可溶性蛋白或小分子多肽的混合物，用作食品添加剂和饲料原料，也有改性后作豆粕基胶黏剂的报道。

随着我国对肉制品需求快速增长及标准化畜禽养殖配方大多以豆粕作为主要蛋白来源，豆粕作为饲料原料在养殖业中的比重和地位越来越重要。但是，豆粕中含有胰蛋白酶抑制剂、脲酶、凝血素、致甲状腺肿素等热不稳定性抗营养因子，以及抗原蛋白、植酸、皂苷等热稳定性抗营养因子。这些抗营养因子对幼龄动物的肠道结构影响很大，容易引发腹泻等症状。同时，大豆蛋白分子结构复杂、分子量大，导致消化率和生物学效价不及鱼粉等动物性蛋白质。食用大豆粕质量指标见表 5-3。

表5-3 食用大豆粕质量指标（GB/T 13382—2008）

项目	一级	二级
形状	松散的片状、粉状或颗粒状	—
色泽	具有大豆粕固有的色泽	—
气味	具有大豆粕固有的气味、无霉味	—
水分 /%	≤ 12.0	—
杂质 /%	≤ 0.10	—
粗蛋白质（干基）/%	≥ 49.0	≥ 46.0

续表

项目	一级	二级
粗纤维素（干基）/%	≤ 5.0	≤ 7.0
粗脂肪（干基）/%	≤ 2.0	—
灰分（干基）/%	≤ 6.5	—
含砂量 /%	≤ 0.5	—

注：大豆粕用于加工组织蛋白时，含砂量应≤ 0.10%。

5.1.1 发酵豆粕和饲用

发酵豆粕是以大豆粕（≥ 95%）为主要原料，以麸皮和玉米皮等为辅料，利用批准食用的微生物菌种进行固态发酵，制成的蛋白饲料原料产品（NY/T 2218—2012）。结合现代发酵工程技术手段发酵豆粕，是目前研究较多的课题和“十四五”期间饲用利用豆粕的趋势之一，豆粕质量指标及发酵豆粕质量指标见表 5-4 和表 5-5。发酵方式利用微生物产生的酶和某些特定功能，降解或钝化豆粕中的抗营养因子，将原料中大分子蛋白质水解成中小分子的肽或游离氨基酸，将非淀粉多糖水解为寡糖或单糖，使微生物增殖并获得更多的微生物蛋白。通过这一过程，原料豆粕的氨基酸模式更加合理，抗营养因子显著降低，营养价值和饲料效率得以提高，从而扩大了豆粕的用量和范围。很多研究表明，以豆粕为主要发酵原料，体系中乳酸菌活菌数能达到 10^9CFU/g 以上，pH 降至 4.5 以下，提高了总酸、有机酸、酸溶蛋白、多肽、总氨基酸和游离氨基酸含量，还可以改善风味，降低胰蛋白酶抑制剂、凝集素活性等。常用的发酵用菌种包括常见乳酸菌、枯草芽孢杆菌、地衣

表5-4　饲料原料豆粕质量指标（GB/T 19541—2017）

项目	特级品	一级品	二级品	三级品
粗蛋白质 /%	≥ 48.0	≥ 46.0	≥ 43.0	≥ 41.0
粗纤维 /%	≤ 5.0	≤ 7.0	≤ 7.0	≤ 7.0
赖氨酸 /%	≥ 2.5	—	≥ 2.3	—
水分 /%	≤ 12.5	—	—	—
粗灰分 /%	≤ 7.0	—	—	—
尿素酶 /（U/g）	≤ 0.3	—	—	—

注：没有列“KOH 蛋白质溶解度”。

表5-5 饲料原料发酵豆粕质量指标（NY/T 2218—2012）

项目	指标
水分 /%	≤ 12.0
粗蛋白质 /%	≥ 45.0
粗纤维 /%	≤ 5.0
粗灰分 /%	≤ 7.0
尿素酶活性 /（U/g）	≤ 0.1
酸溶蛋白，占粗蛋白含量 /%	≥ 8.0
赖氨酸 /%	≥ 2.5
水苏糖 /%	≤ 1.0

芽孢杆菌、短小芽孢杆菌、丁酸梭菌、酿酒酵母、产朊假丝酵母、鲁氏酵母、黑曲霉、总状毛霉等。例如，利用短小芽孢杆菌固态发酵豆粕，胰蛋白酶抑制剂的活性从22.26mg/g降至1.03mg/g，通过分离和纯化，可得到有降解活性的蛋白质（即两种肽酶）（刘家维 等，2020）。利用多菌种组合（枯草芽孢杆菌、酵母菌、乳酸菌）混合发酵豆粕，酸溶蛋白含量提高（袁新杰，2019）。利用总状毛霉为主要菌种，与鲁氏酵母耦合发酵豆粕，产品中呈甜味、鲜味、苦味的氨基酸比例提高，降低了饲料成本，提高了豆粕的附加值（张梦媛 等，2020）。

目前，发酵豆粕几乎可用于不同品种的猪、鸡、反刍动物、鱼等养殖动物。比如在猪的日粮中添加发酵豆粕，替代普通豆粕用量从10%可至100%，有效提高生长猪、断奶仔猪或育肥猪的生长性能，降低料肉比；显著降低腹泻率；提高血清中免疫球蛋白含量、超氧化物歧化酶和谷胱甘肽过氧化物酶活性；提高食糜中丁酸含量，降低空肠黏膜中肿瘤坏死因子-α含量；提高十二指肠绒毛高度和绒腺比及空肠绒毛高度；提高十二指肠和空肠中钠依赖性葡萄糖协同转运蛋白、碱性氨基酸转运载体的mRNA相对表达量($P<0.05$)，上调回肠中小肽转运载体、水通道蛋白的mRNA相对表达量；提高肠道菌群物种多样性和丰度；减少氮磷和铜锌排放；提高瘦肉率、眼肌面积，降低背膘厚度；降低养殖成本、提高了经济效益。（王曼 等，2021；刘栩州 等，2021；熊云霞 等，2021；王慧 等，2021）。

值得注意的是，相比发酵后干燥豆粕，湿态发酵豆粕的应用呈增长趋势。一方面湿态发酵豆粕节约了干燥成本（一般占加工成本的30%～50%）；另一方面保护了益生菌活性。当然，水分较高也导致其在畜禽日粮中添加比例受限，流动性差、难以混合配料，贮藏过程容易霉变，这些问题需要不断进行研究和实践去解决。探索不同添加比例的湿态发酵豆粕和预处理工艺及其交互作用如何影响颗粒饲料质量，发现湿态发酵豆粕添加比例为4%和6%时制粒机可以正常工作；添加比例上升到8%时，在简单的预处理工艺下，制粒机堵机无法制粒；添加比例为4%时，湿态发酵豆粕制成的颗粒饲料能保质84d；当湿态发酵豆粕∶玉米粉=3∶7时，在预混合、冷制粒、再粉碎预处理工艺下，湿态发酵豆粕添加比例可以提高到10%，颗粒饲料的耐久性、成型率和硬度均符合颗粒质量要求。在肉鸡日粮中加入6%～10%的湿态发酵豆粕（益生菌活菌数为4.34×10^6CFU/g），随着湿态发酵豆粕添加比例的上升，肉鸡的生长性能显著提高，血清中超氧化物歧化酶活性显著提高，而丙二醛含量显著降低，小肠绒毛高度和绒毛高度/隐窝深度的比值显著提高，盲肠中乳酸菌和沙门氏菌的数量分别显著提高与降低（鲁春灵 等，2021a；鲁春灵 等，2021b）。在蛋鸡饲料中添加5.0%的湿态发酵豆粕（芽孢菌2.48×10^8CFU/g，乳酸菌5.07×10^5CFU/g，酵母菌1.2×10^5CFU/g），增加了蛋清的韧性和蛋壳灰分、强度，明显改变了蛋壳结构（内部纤维密集、整体结构致密），提升了鸡蛋品质，并改善饲料在蛋鸡体内的消化率（王玉霞 等，2021）。

对于未来迅猛发展的养殖业来说，豆粕显然承担了非常重要的“角色”。一方面我们要充分利用新技术提高豆粕的利用率；另一方面也要积极寻找其替代品，如加大利用棉粕、菜籽粕、花生粕、葵花粕、棕榈仁粕、芝麻粕等。此外，进口大豆中转基因成分安全性的问题同样值得格外重视（杨露 等，2021）。

5.1.2 提取大豆蛋白

大豆蛋白以大豆球蛋白为主，富含赖氨酸。在临床上应用其3个特性：一是可降低胆固醇；二是可防止血液中胆固醇升高；三是可降低LDL（低密度脂蛋白）与HDL（高密度脂蛋白）的比例（黄秀娟，2005）。大豆球蛋白常以大豆分离蛋白、大豆组织蛋白等产品形式呈现。

我们以大豆分离蛋白为例进行分析，据粗略统计，全国生产大豆分离蛋白总量在150～200万吨之间。大豆分离蛋白，由β-伴球蛋白（7S）和球蛋白（11S）组成，7S由α（67kDa）、α'（50kDa）和β（67kDa）三个亚基构成，11S是六聚体，由酸性亚基α（35kDa）和碱性亚基β（20kDa）组成。大豆分离蛋白包含了8种人体必需的氨基酸，有优良的溶解、胶凝、发泡、抗氧化能力、空气阻隔性、生物降解性和优异的生物相容性，因而广泛用于功能食品中及用于制备医用材料和包装材料，尤以作为蛋白食品添加剂的用途最多。加入到面包中，大豆分离蛋白可延缓面包的老化速度；浸泡鲜切水果，大豆分离蛋白可抑制乙烯释放率和呼吸，抑制褐变且延长贮藏时间；部分代替蛋清加到蛋糕中，大豆分离蛋白可减少烘焙损失率，增加蛋糕的回复性并改善质构和口感；作为香肠配料，大豆分离蛋白可提高产品的硬度、内聚性和弹性等；酶解后加入至酸奶，大豆分离蛋白可促进酸奶发酵，得到更多小分子组分（赵强忠 等，2019；孙明霞，2019）。

当外部环境变化（如加热、冷冻、离子强度变化等）时，大豆分离蛋白的内部基团充分暴露，引起共价和非共价聚集，进而引起性质的改变。例如，低功率超声处理可使大豆分离蛋白的聚集体部分解聚，表面疏水性下降，粒径降低，从而增加溶解性；而高功率超声处理可使大豆分离蛋白重新形成不溶性聚集体，导致溶解性下降（李笑笑 等，2021）。增加均质次数，大豆分离蛋白的乳析指数逐渐降低，平均粒径、界面蛋白吸附量、表观黏度、弹性模量（G'）和黏性模量（G''）均先增加后减小，乳液体系的氢过氧化物值呈增加之势，硫代巴比妥酸反应产物值有先增加后减少再增加的趋势（刘竞男 等，2020）。适当的空化射流处理时间，可以降低大豆分离蛋白的含硫氨基酸含量、溶液平均粒径和7S亚基及A亚基的含量，升高蛋白乳液的 ζ 电位绝对值和界面蛋白含量并增大弹性模量，进而增强蛋白乳化活性和乳化稳定性（江连洲 等，2021）。冷冻促使大豆分离蛋白产生可逆变性和三级构象发生变化，其乳状液粒径峰型变宽、产生聚集体，会给大豆分离蛋白的结构及乳化性质带来不利影响（胡海玥 等，2021）。

5.1.3 制备大豆肽

大豆肽是大豆蛋白的酶水解产物，通常由3～6个氨基酸组成，分子量分布在1000以下，包括抗氧化肽、血管紧张素转化酶抑制肽、金属螯合肽等。大豆肽易于消化，具有促进脂肪代谢、增强肌肉运动力、加速红细胞恢复、较低致敏性和降低血清胆固醇的功能，兼具低黏度、酸溶性，可应用在功能性食品和特殊营养食品中（黄秀娟，2005），大豆肽粉质量指标见表5-6。

表5-6　大豆肽粉质量指标（GB/T 22492—2008）

项目	质量指标		
细度	通过 0.250mm 筛		
颜色	白色、淡黄色、黄色		
滋味与气味	特有的滋味与气味，无异味		
杂质	无肉眼可见异物		
项目	质量指标		
	一级	二级	三级
粗蛋白质（干基）/%	≥ 90.0	≥ 85.0	≥ 80.0
肽含量（干基）/%	≥ 80.0	≥ 70.0	≥ 55.0
≥ 80% 肽段分子量	≤ 2000	≤ 5000	—
灰分（干基）/%	≤ 6.5	≤ 8.0	—
水分 /%	≤ 7.0	—	—
粗脂肪（干基）/%	≤ 1.0	—	—
脲酶活性	阴性	—	—

5.2　大豆乳清废水和黄浆水

大豆乳清废水和黄浆水，都是大豆相关制品加工过程中排放的废水。大豆乳清废水，是制备大豆分离蛋白时产生的液体副产物；黄浆水，通常指制作豆腐或其他豆制品时产生的液体副产物。两者基本都含有大豆低聚糖、大豆皂苷、大豆异黄酮、胰蛋白酶抑制剂、色素、*β*-淀粉酶、脂肪氧合酶等生理活性成分。

大豆乳清废水，因其高浓度的化学需要量（COD）和生物需氧量（BOD），直接排放会造成严重的水体污染。每生产 1t 分离蛋白产生大豆乳清废水 30 ～ 35m^3。然而，大豆乳清具有较高的营养价值，一般含有 3.6% ～ 4.4% 的氮（其中 50% 是蛋白氮）和 25% ～ 35% 的可溶性糖，还含有低聚糖、异黄酮类化合物、大豆皂苷、酚酸等对人体有特殊保健功能的高附加值物质，大豆乳清废水基本成分分析见表 5-7。

图 5-1 展示了大豆乳清废水的产生过程，其中大豆分离蛋白工艺流程为：脱脂

表5-7　大豆乳清废水基本成分分析

成分	含量	成分	含量
蛋白质 /（g/100mL）	0.60	水苏糖 /（g/100mL）	0.24
氨基酸 /（g/100mL）	0.48	K/（mg/kg）	1500.1
总膳食纤维 /（g/100mL）	0.15	Na/（mg/kg）	476.1
可溶膳食纤维 /（g/100mL）	0.149	Ca/（mg/kg）	125.3
低聚糖 /（g/100mL）	0.29	Mg/（mg/kg）	180.5
棉子糖 /（g/100mL）	0.05	Fe/（mg/kg）	未检出

注：以上为实验室数据。

后豆粕—（氢氧化钠）碱溶—固态经离心为豆渣等，收集液体—（盐酸）酸沉—固态经离心、喷雾干燥为大豆分离蛋白，液体为大豆乳清废水。废水处理流程：大豆乳清废水（COD 22000 ～ 26000mg/L）—加碱中和至 7.0 左右—絮凝剂絮凝蛋白（作为饲料买）—废水厌氧污泥处理（生产沼气可卖）—好氧污泥处理—COD 降至 300mg/L 左右排放。

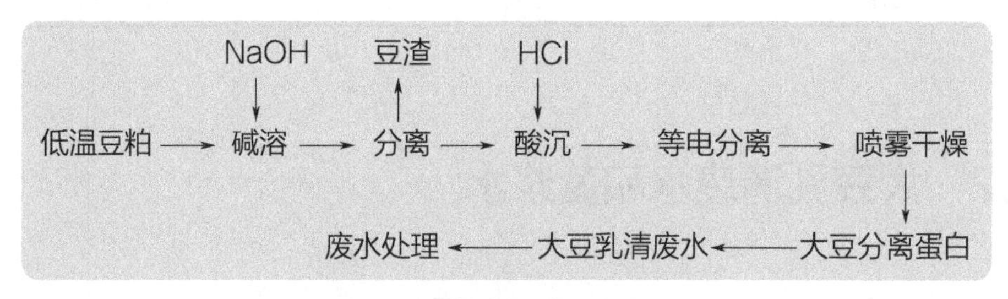

图 5-1　大豆乳清废水的产生过程

5.2.1　提取大豆低聚糖

大豆低聚糖，以蔗糖、棉子糖、水苏糖等为主，以大豆乳清为原料生产大豆低聚糖，产品形式有糖浆、颗粒、粉末 3 种，作为一种功能性甜味剂，广泛用于饮料、酸奶、水产制品、果酱、糕点、冰激凌、糖果、巧克力等食品（李昌文 等，2007）。大豆低聚糖也有优越的生理功能，不被人体消化吸收，被肠道菌群所利用，在调节肠道菌群、润肠通便、增强免疫方面作用显著，大豆低聚糖质量指标见表 5-8。

表5-8　大豆低聚糖质量指标（GB/T 22491—2008）

项目	糖浆型	粉末型
色泽、外观	白、淡黄、黄色黏稠液体	白、淡黄、黄色粉末
气味、滋味	正常、甜味、无异味	—
杂质	无肉眼可见异物	—
水分 /%	≤ 25.0	≤ 5.0
灰分（干基）/%	≤ 3.0	≤ 5.0
低聚糖（干基）/%	≥ 60.0	≥ 75.0
棉子糖和水苏糖（干基）/%	≥ 25.0	≥ 30.0
pH（1% 水溶液）	6.5±1.0	—

5.2.2　提取大豆异黄酮

大豆异黄酮，大豆生长过程中的次生代谢产物，具有异黄酮典型结构，包括黄豆苷、黄豆糖苷和染料木黄酮等。它具有一系列生理活性：具有雌性激素活性、抗氧化性、抗溶血活性、抗真菌活性，在预防和治疗骨质增生、乳腺癌、前列腺癌等疾病过程中有显著作用。利用乙醇萃取大豆乳清蛋白-大豆异黄酮络合物中的大豆异黄酮，萃取率和总回收率可达 95.73% 和 68.9%（陶露，2019）。大豆异黄酮苷类及苷元类产品主要成分见表 5-9 和表 5-10。

表5-9　大豆异黄酮苷类产品主要成分（NY/T 1252—2006）

产品名称	主要成分	特级	一级	二级	三级
大豆异黄酮［苷］（干基）/%	大豆异黄酮苷	≥ 95	≥ 90	≥ 75	≥ 50
	大豆皂苷	—	—	≥ 15	≥ 30
大豆异黄酮［大豆苷］（干基）/%	大豆苷	≥ 95	≥ 90	≥ 75	≥ 50
	大豆黄苷和染料木苷	—	—	≥ 15	≥ 30
大豆异黄酮［大豆黄苷］（干基）/%	大豆黄苷	≥ 95	≥ 90	≥ 75	≥ 50
	大豆苷和染料木苷	—	—	≥ 15	≥ 30
大豆异黄酮［染料木苷］（干基）/%	染料木苷	≥ 95	≥ 90	≥ 75	≥ 50
	大豆苷和大豆黄苷	—	—	≥ 15	≥ 30

表5-10　大豆异黄酮苷元类产品主要成分（NY/T 1252—2006）

产品名称	主要成分	特级	一级	二级	三级
大豆异黄酮［苷元］（干基）/%	大豆异黄酮苷元	≥ 95	≥ 90	≥ 75	≥ 50
	大豆异黄酮苷	—	—	≥ 15	≥ 30
大豆异黄酮［大豆素］（干基）/%	大豆素	≥ 95	≥ 90	≥ 75	≥ 50
	大豆黄素和染料木素	—	—	≥ 15	≥ 30
大豆异黄酮［大豆黄素］（干基）/%	大豆黄素	≥ 95	≥ 90	≥ 75	≥ 50
	大豆素和染料木素	—	—	≥ 15	≥ 30
大豆异黄酮［染料木素］（干基）/%	染料木素	≥ 95	≥ 90	≥ 75	≥ 50
	大豆素和大豆黄素	—	—	≥ 15	≥ 30

5.2.3　提取大豆乳清蛋白

大豆乳清蛋白，主要是7S大豆球蛋白，有很好的溶解性和起泡性，但泡沫稳定性和乳化性不及分离蛋白。蛋白酶酶解所提取的乳清蛋白，可以得到相应的多肽。利用以下方法可提取到乳清中分离蛋白和酶解多肽：①将大豆乳清废水调整pH至6～8.5，加热后过0.1μm的陶瓷膜，分离浓缩、透析、干燥，得到蛋白质，能够100%截留大豆分离蛋白且含量≥48%。②将大豆乳清废水调整pH，加热后过0.1μm的陶瓷膜，分离浓缩、透析、酶解、膜分离，干燥，得到大豆多肽，其中的蛋白含量≥97%，钠含量低于120mg/100g（袁文鹏 等，2020a；袁文鹏 等，2020b）。

5.2.4　利用大豆乳清废水生产合生元

大豆乳清废水中的低聚糖和其他生长因子，对于益生菌生长来说是丰富的。通过益生菌菌株利用大豆乳清中的营养成分实现增殖，得到发酵后合生元产品，产品中乳酸菌数量≥ 1.0×10^{10}CFU/g，蛋白质≥21%，氨基酸≥16%，可溶性膳食纤维≥5.0%，低聚糖≥7.5%（Wei Han et al., 2022）。

5.3 大豆皮

大豆皮，是制作大豆油、大豆蛋白和其他豆制品时产生的副产品，主要为大豆外层包被的物质，富含粗纤维、粗蛋白和 Ca、P、Fe 等元素，几乎不含淀粉，木质素含量低。大豆皮可提取或制备膳食纤维、果胶多糖、低聚木糖等。

5.3.1 提取和利用膳食纤维

大豆皮的干物质含量大于 90%，其中 80% 为碳水化合物，纤维素丰富。加之大豆皮产量可观，是理想的膳食纤维来源。利用酸法制取大豆皮可溶性膳食纤维，乙醇沉淀比例 1∶4、料液比 1∶20、pH 2.0、90℃提取 2h 条件下，大豆皮可溶性膳食纤维得率和纯度分别为 12.49% 和 60.13%，蛋白含量为 18.33%（李晓宁 等，2020）。目前大豆皮直接或发酵饲用的情况仍很普遍，也是源于其膳食纤维量丰富。将大豆皮加入猪饲粮，可显著降低猪舍氨气排放量，增加料重比，降低干物质的表观消化率。发酵大豆皮还能改变大豆多糖结构、降低其中的球蛋白、β-伴大豆球蛋白、胰蛋白酶抑制因子（图 5-2）（敖翔 等，2019；彭翔 等，2020）。大豆膳食纤维粉质量指标见表 5-11。

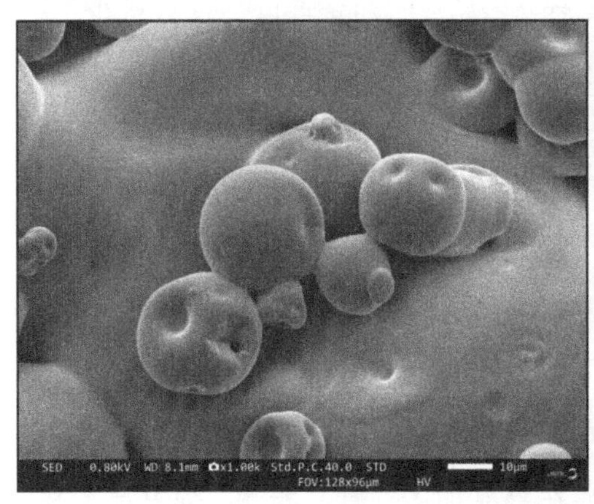

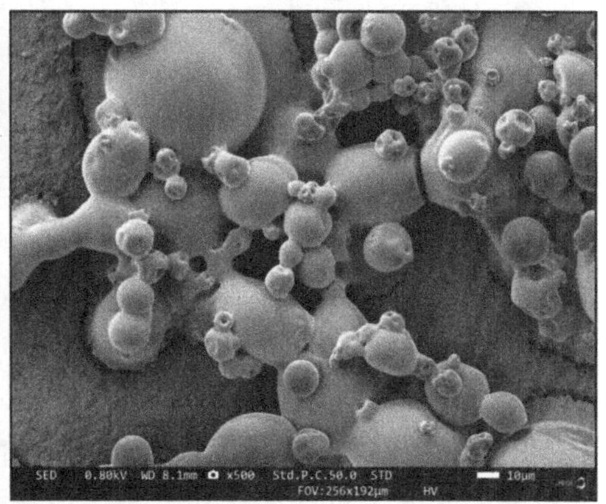

图 5-2 大豆多糖和改性大豆多糖的电镜图

电镜型号是 JSM-IT800；样品按照常规粉末制样方法制备，然后镀白金膜，10mA，30s 多角度喷镀四次后进行 SEM 观察

表5-11 大豆膳食纤维粉质量指标（GB/T 22494—2008）

项目	质量指标		
	一级	二级	三级
总膳食纤维 /%	≥ 80.0	≥ 60.0	≥ 40.0
可溶膳食纤维 /%	≥ 10.0	≥ 5.0	—
水分 /%	≤ 10	—	—
灰分 /%	≤ 5	—	—
色泽	淡黄或乳白色粉末	—	—
气味、滋味	具有固有的气味和滋味，无异味	—	—

5.3.2 制备果胶多糖

果胶多糖是一种酸性多糖，也是细胞壁的一种组成成分，由半乳糖醛酸、阿拉伯糖、半乳糖和鼠李糖等组成，可与 Ca^{2+}、Mg^{2+}、Cu^{2+} 等阳离子生成凝胶体系或沉淀。果胶在大豆皮中含量达到 25%，是制备果胶多糖的良好来源。果胶多糖主要用作食品添加剂中的凝胶剂、增稠剂和乳化剂。通过区分果胶和中性糖的分离工艺，在可溶性固形物含量 2.5%、水洗 5 次、钙化和酸化分别为 pH8 和 pH2 条件下，实际得到的果胶纯度可达 85.48%，得率为 31.3%（李群飞 等，2015）。通过均质、乳酸菌发酵、浓缩、脱色和干燥等简便步骤，果胶多糖得率为 32.83%，纯度为 76.43%（邵玉华，2016）。大豆皮果胶提取见图 5-3。

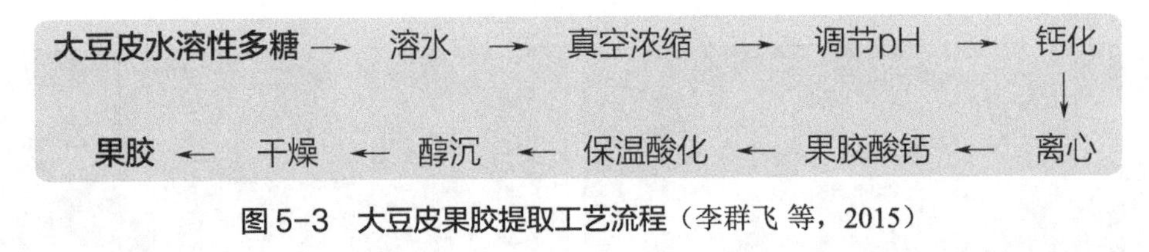

图 5-3 大豆皮果胶提取工艺流程（李群飞 等，2015）

5.3.3 提取过氧化物酶

过氧化物酶是一类以血红素为辅基的同工酶类，主要催化过氧化氢、有机过氧化物和某些无机物的氧化。过氧化物酶在食品加工、食品检测、农产品贮藏、医疗诊断等方面得到应用，也常见用于制作防治糖尿病、肥胖、高血脂等慢性疾病的保健食品。大豆皮中提取的过氧化物酶，在 pH4 ～ 7 之间酶反应初速度处于很高的平台，在 0 ～ 60℃之间几乎呈直线上升，于 70℃左右达到最高，并有很高的热稳定性和酸碱稳定性，如在 pH7.4 的磷酸盐缓冲液中保存 24h 后的酶活为 100%，在 60℃经 1h 后几乎未失活（徐芝勇 等，2006）。通过硫酸锌沉淀、60℃水浴加热、DEAE-纤维素离子交换层析、Sephadex G-100 和 Sephadex G-25 凝胶过滤，酶的比活力提高了 31.9 倍，酶活力回收达 17.9%，电泳纯的 Rz 值大于 3.0(杨茂华，2007）。而使用液料比 20mg/g、提取液浓度 0.02mol/L、38℃提取 6h、提取 3 次的条件，1g 大豆皮可得到的酶活为 2608.7U（高晶晶 等，2014）。

5.4 豆渣

豆渣的膳食纤维含量大于 50%。

豆渣可加工后作食品。豆渣经处理可制成膳食纤维、核黄素、生产酱油和糖化菌粉；还可作为主要原料制成豆渣粉、豆渣分离蛋白等，也可直接添加到糕点、面条、膨化油炸食品、烘焙食品、乳制品及饮料中等（崔慧 等，2016）。

5.4.1 饲用

豆渣常作为饲料使用。应用康奈尔净碳水化合物-蛋白质体系测定了（玉米纤维、大豆皮、甜菜粕、豆渣等）4 种粮食加工副产物的营养成分（高红 等，2016；高红 等，2017)；如表 5-12，豆渣中：①中性洗涤纤维含量最低，酸性洗涤不溶粗蛋白质含量高于玉米纤维；②非蛋白氮含量高于甜菜粕和大豆皮。另外，通过微生物发酵，得到发酵豆渣的 pH 降低、有机酸含量增加，发酵品质和有氧稳定性得以改善（李金库 等，2020）。

5.4.2 提取膳食纤维

豆渣是良好的膳食纤维来源，其中非结构性水溶性多糖占 2.2%，半纤维素占 32.5%，纤维素占 20.2%，木质素占 0.37%（张振山 等，2004）。其中水溶性多糖

表5-12　玉米纤维、大豆皮、甜菜粕、豆渣等营养成分对比（高红 等，2016）单位：g/kg

项目	玉米纤维	大豆皮	甜菜粕	豆渣	标准误
干物质	942.2	910.6	895.6	279.5	2.6
粗灰分	60.5	44.4	57.3	37.0	1.2
有机物	939.5	955.6	942.7	963.0	1.2
粗脂肪	27.9	50.0	4.8	13.6	0.6
中性洗涤纤维	517.6	589.9	530.9	359.3	2.6
酸性洗涤纤维	145.9	422.6	255.8	240.3	2.5
酸性洗涤木质素	23.9	107.2	50.5	26.5	2.8
纤维素	122.1	315.4	205.3	213.7	2.7
半纤维素	371.7	176.3	275.1	119.0	3.3
淀粉	106.3	10.9	5.5	32.7	0.8
碳水化合物	706.4	758.4	807.0	720.5	1.0
粗蛋白质	205.4	146.2	129.5	231.2	1.0
可溶性粗蛋白质	643.8	296.5	238.8	413.6	3.7
非蛋白氮	930.7	448.5	691.1	748.7	7.0
酸性洗涤不溶粗蛋白质	15.2	61.0	89.3	18.5	1.0
中性洗涤不溶粗蛋白质	154.5	263.6	445.4	93.5	3.7
非结构性碳水化合物	312.2	261.1	413.5	527.3	2.4

由半乳糖醛酸、半乳糖和阿拉伯糖组成，物质的量比为17.3∶44.9∶19.1，还含有少量的鼠李糖、葡萄糖和木糖（王思琪 等，2021）。

利用生物酶法制油后经空化微射流处理，豆渣的维素晶体的物理形态更细小、结构产生粒径减小、结晶度下降、黏度降低，提高了膳食纤维的持水力、持油性和膨胀力，提升了对葡萄糖和胆固醇的吸附能力（吴海波 等，2020；吴长玲 等，2021）。进行酶或碱处理时，豆渣的总膳食纤维和不溶性膳食纤维分别提高了18.6～32.9%和22.6～34.4%，显著增加持水力、持油力和膨胀力；经超微粉碎处理，可溶性膳食纤维的质量分数提高了170%以上，持水力和膨胀力显著下降，持油力先下降而后上升（汤小明 等，2021）。

5.4.3 制备大豆低聚糖

按照每加工1t大豆产生2t湿豆渣计算，预计我国每年大约生产湿豆渣超过

2500 万吨。采用超声波辅助碱法提取低聚糖，优化超声波功率（250W）、温度（50℃）、时间（50min）、碱浓度（2.0mol/L）、料液比（1∶20）等提取条件，豆渣大豆低聚糖提取率可为 10.19%（孙军涛 等，2016）。采用粗壮脉纹胞菌发酵豆渣，再提取发酵豆渣中低聚糖，可得到最优提取工艺条件为：料液比为 1∶25，提取时间为 90min，提取温度为 70℃，乙醇浓度为 50%；提取 2 次后，得率为 11.91%（叶俊，2013）。

5.4.4 其他用途

豆渣中功能活性物质丰富，用途广泛，还能从中提取维生素和大豆异黄酮、制取草酸、制备羧甲基纤维素和多孔碳、当作发酵原料（培养灵芝、红曲霉）及食品配料（制作面团、腐乳、豆渣酱）等（白雪松，2015；陈锋 等，2020）。

5.5 大豆磷脂

大豆磷脂是大豆原油经水化脱胶、胶分离、脱水后得到的黄色稠状物；在粮食行业标准（LS/T 3219—2017）中，分为浓缩大豆磷脂（标准大豆磷脂）、透明大豆磷脂、粉末大豆磷脂（脱油大豆磷脂）和分提大豆磷脂（大豆卵磷脂）等四类，详见表 5-13。

表5-13 大豆磷脂质量指标（LS/T 3219—2017）

<table>
<tr><th colspan="2">项目</th><th>浓缩大豆磷脂</th><th>透明大豆磷脂</th><th>粉末大豆磷脂</th><th>分提大豆磷脂</th></tr>
<tr><td rowspan="3">感官</td><td>外观</td><td>塑状或黏稠状，质地均匀，无霉变</td><td>透明，流动性好</td><td>粉状或颗粒状，无霉变</td><td>黏稠胶质，液体状、粉状或蜡状，无霉变</td></tr>
<tr><td>色泽</td><td colspan="4">浅黄至棕褐色</td></tr>
<tr><td>气味</td><td colspan="4">具磷脂固有气味，无异味</td></tr>
<tr><td colspan="2">水分 /%</td><td>≤ 1.0</td><td>≤ 0.8</td><td>≤ 1.0/2.0</td><td>≤ 3.0</td></tr>
<tr><td colspan="2">正己烷不溶物 /%</td><td>≤ 0.3</td><td>≤ 0.1</td><td>≤ 0.3</td><td>—</td></tr>
<tr><td colspan="2">丙酮不溶物 /%</td><td>≥ 60.0</td><td>≥ 50.0</td><td>≥ 95.0</td><td>—</td></tr>
</table>

续表

项目	浓缩大豆磷脂	透明大豆磷脂	粉末大豆磷脂	分提大豆磷脂
酸值（以 KOH 计）/（mg/g）	≤ 32.0	≤ 32.0	≤ 32.0/36.0	≤ 30.0/ —
过氧化值 /（mmol/kg）	≤ 5.0	按照 GB 2716 执行	≤ 5.0	—
溶剂残留量 /（mg/kg）	≤ 50	按照 GB 2716 执行	—	—
磷脂酰胆碱 /%	—	—	—	≥ 35.0
含磷量（以 P 计）/%	—	—	—	≥ 2.70
乙醇可溶物 /%	—	—	—	≥ 97.0/90.0
碘值（以 I 计）/（g/100g）	—	—	—	≥ 85.0/ —

注：粉末大豆磷脂和分提大豆磷脂各分为两个级别（一级和二级）。

参考文献

李爱科，2012. 中国蛋白质饲料资源 [M]. 北京：中国农业大学出版社 .

食用大豆粕 . GB/T 13382—2008[S].

饲料原料 发酵豆粕 . NY/T 2218—2012[S].

刘家维，黄昆仑，梁志宏，2020. 降解大豆胰蛋白酶抑制剂的短小芽孢杆菌菌株及其胞外蛋白的鉴定 [J]. 现代食品科技，36（2）：129-136.

袁新杰，2019. 多菌种发酵豆粕优化工艺研究 [D]. 山东农业大学 .

张梦媛，张雨，丁常晟，等，2020. 总状毛霉与鲁氏酵母耦合发酵对豆粕营养和风味的增强效应 [J]. 食品工业科技，41（8）：15-21.

饲料原料 豆粕 .GB/T 19541—2017[S].

王曼，熊兆龙，何元庆，等，2021. 低蛋白、植酸酶、发酵豆粕和有机铜锌对生长猪生长性能和粪污排放的影响 [J]. 中国畜牧杂志，57（7）：189-194.

刘栩州，鞠莹，黄丽玲，等，2021. 发酵豆粕对断奶仔猪生长性能、血清生化指标及肠道功能的影响 [J]. 动物营养学报，33（6）：3142-3153.

熊云霞，张亚辉，李平，等，2021. 复合益生菌固态发酵豆粕对断奶仔猪生长性能、肠道形态及肠道菌群的影响 [J]. 动物营养学报，33（2）：747-759.

王慧，李恒，2021. 饲料中添加发酵豆粕对育肥猪生长性能、屠宰性能及经济效益的影响 [J]. 中国饲料，5：32-35.

鲁春灵，李军国，杨洁，等，2021a. 湿态发酵豆粕不同添加比例和预处理工艺对颗粒饲料质量的影响 [J]. 饲料工业，42（5）：19-25.

鲁春灵，李军国，蒋万春，等，2021b. 湿态发酵豆粕对肉鸡生长性能、抗氧化能力和肠道健康的影响 [J]. 动物营养学报，33（7）：4162-4174.

王玉霞，梅 迪，张克顺，等，2021. 湿料发酵豆粕对蛋鸡产蛋性能的影响 [J]. 中国饲料，15：32-36.

杨露，谭会泽，刘松柏，等，2021. 豆粕在畜禽饲料中的营养价值与抗营养成分解析 [J]. 粮食与饲料工业，3：41-44+51.

赵强忠，黄丽华，陈碧芬，等，2019. 大豆分离蛋白酶解产物对自制酸奶品质的影响 [J]. 华南理工大学学报（自然科学版），47（3）：85-92.

李笑笑，孙东晓，张祎，等，2021. 高场强超声波对大豆分离蛋白溶解性的改善作用 [J]. 现代食品科技，37（6）：124-128+174.

刘竞男，徐晔晔，王一贺，等，2020. 高压均质对大豆分离蛋白乳液流变学特性和氧化稳定性的影响 [J]. 食品科学，41（1）：80-85.

江连洲，杨宗瑞，任双鹤，等，2021. 空化射流对大豆分离蛋白结构及乳化特性的影响 [J]. 农业工程学报，37（3）：302-311.

胡海玥，闫可心，赵娅柔，等，2021. 冷冻处理对大豆分离蛋白结构和乳化性质的影响 [J]. 食品研究与开发，42（1）：88-93.

大豆肽粉 .GB/T 22492—2008[S].

大豆低聚糖 .GB/T 22491—2008[S].

陶露，2019. 大豆乳清废水中异黄酮回收工艺研究 [D]. 天津大学 .

大豆异黄酮 .NY/T 1252—2006[S].

李晓宁，郭咪咪，段章群，2020. 酸法制取大豆皮可溶性膳食纤维 . 中国油脂，45（11）：32-35+51.

敖翔，周建川，张立泰，等，2019. 大豆皮对生长猪生长性能、养分消化率和粪便有害气体排放的影响 [J]. 养猪，3：54-56.

大豆膳食纤维粉 . GB/T 22494—2008[S].

李群飞，安宁，于丹，等，2015. 正交试验优化豆皮水溶性多糖中果胶的分离技术 [J]. 食品科学，36（8）：92-96.

徐芝勇，严群，强毅，等，2006. 大豆过氧化物酶纯化及酶学特性研究 [J]. 中国粮油学报，21（2）：82-85.

杨茂华，2007. 豆皮过氧化物酶的纯化及其催化化学发光的特性 [D]. 河北大学 .

高晶晶，李稳宏，2014. 响应面法优化大豆皮过氧化物酶的提取工艺研究 [J]. 广东化工，41（20）：19-21.

高红，郝小燕，张幸怡，等，2016. 应用康奈尔净碳水化合物-蛋白质体系和 NRC 模型评价 4 种粮食加工副产物的营养价值 [J]. 动物营养学报，28（10）：3359-3368.

李金库，王雪洋，赵峻祥，等，2020. 不同添加剂对豆浆型和豆渣型发酵饲料发酵品质及有氧稳定性的影响 [J]. 动物营养学报，32（3）：1424-1433.

张振山，叶素萍，李泉，等，2004. 豆渣的处理与加工利用 [J]. 食品科学，（10）：400-406.

王思琪，胡彦波，翟丽媛，等，2021. 豆渣可溶酸性多糖的分离纯化及结构解析 [J]. 食品科学，42(10)：52-57.

吴海波，于静雯，吴长玲，等，2020. 空化微射流对豆渣膳食纤维结构及功能特性影响 [J]. 食品科学，41(1)：94-99.

汤小明，卢坚雯，曾艳红，2021. 脱蛋白结合超微粉碎对豆渣膳食纤维成分及功能特性影响 [J]. 中国粮油学报，36（1）：74-79.

孙军涛，肖付刚，陈东菊，2016. 超声波辅助碱法制备豆渣大豆低聚糖的研究 [J]. 食品研究与开发，37（21）：88-91.

叶俊，2013. 粗壮脉纹孢菌发酵豆渣生产低聚糖的研 [D]. 南昌大学 .

白雪松，2015. 豆渣中提取的维生素 E 对大鼠运动中骨骼肌的影响 [J]. 长春大学学报，25（12）：60-66.

陈锋，张军蕊，王晓毅，等，2020. 废弃豆渣派生多孔碳对橙黄 G 的吸附性能与机制 [J]. 江苏农业科学，48（9）：207-212.

大豆磷脂 .LS/T 3219—2017[S].

吴长玲，陈鹏，李顺秀，等，2021. 空化射流条件下豆渣不溶性膳食纤维结构与功能性研究 [J]. 农业机械学报，52（3）：350-356.

邵玉华 . 一种大豆皮中果胶多糖的提取方法 [P]. 中国：201610698924.2，2016-08-22.

贺燕，王益军，张苏珍，等，2020. 2020 年豆粕供应情况调查与分析 [J]. 饲料博览，7：48-50.

袁文鹏，魏永峰，许萍，等 . 一种大豆乳清废水提取大豆分离蛋白的方法 [P].202011044050.1，2020a-09-28.

袁文鹏，魏永峰，许萍，等 . 一种大豆乳清废水提取大豆多肽的方法 [P].202011043995.1，2020b-09-28.

高红，郝小燕，张广宁，等，2017. 应用体外产气法和尼龙袋法评价几种粮食加工副产物的营养价值 [J]. 中国饲料，7：14-19.

孙明霞，王富刚，2019. 大豆分离蛋白在熏煮香肠加工中的应用 [J]. 肉类工业，464(12)：5-7.

崔慧，李佳文，陈美思，等，2016. 大豆副产物中活性物质研究及综合利用现状 [J]. 食品安全导刊，18：52.

彭翔，韩丽，张广民，等，2020. 复合菌分步发酵大豆皮对其抗营养因子降解效果的影响 [J]. 养猪，5：9-12.

Wei Han, Xuhui Zhuang, Qian Liu, et al., 2022. Fermented soy whey induced changes on intestinal microbiota and metabolic influence in mice[J]. Food science and human wellness, 11(1)：41-48.

第6章

杂粮加工副产物

我国是杂粮“王国”，杂粮食用历史悠久、种类多、种植面积广，是百姓获取营养和调剂餐盘组成的重要部分；仅以薯类为例，2021 年全国产量约 3043.5 万吨，占全国粮食总产量超过 4.4%。常见的杂粮包括青稞、荞麦、大麦、燕麦、莜麦、藜麦、黍、薏苡、黄米、马铃薯、甘薯、木薯等谷薯类和小豆、绿豆、蚕豆、豌豆、菜豆、豇豆等双子叶杂豆。在人民群众迫切追求美好生活的今天，杂粮的营养保健功能凸显，其市场需求和价值呈高速增长态势。在《中国居民平衡膳食宝塔（2016）》中，全谷物、杂豆类和薯类等的量化要求接近或超过了谷薯类总量的一半。部分杂粮营养成分见表 6-1。

表6-1　部分杂粮营养成分（每100g可食部）

杂粮品种	蛋白质/g	维生素 B_1/mg	维生素 B_2/mg	烟酸/mg	维生素 E/mg	铁/mg	锌/mg	膳食纤维/g
燕麦	16.9	0.76	0.14	0.96	—	4.72	3.97	10.6
荞麦	9.3	0.28	0.16	2.2	0.9	6.2	3.6	6.5
小米	9	0.33	0.1	1.5	0.3	5.1	1.87	1.6
高粱	10.4	0.29	0.1	1.6	1.8	6.3	1.64	4.3
青稞麦仁	8.1	0.34	0.11	6.7	0.72	40.7	2.38	1.8
黑米	9	0.37	1.7	1.7	1.15	4	2.9	14.8

注：参考《中国居民营养膳食指南（2016 版）》中引用的美国农业部数据。

杂粮加工副产物（表6-2）与前述稻谷、小麦、玉米、大豆等加工副产物有着极大的相似性。论种类，主要的杂粮副产物同样包括种皮、果皮、秸秆、饼粕、胚芽、糠及加工废水废渣；论成分，杂粮副产物主要含有天然色素、多酚类、黄酮类、膳食纤维、蛋白和多肽、不饱和脂肪酸、维生素、矿物质及各种酶类等。此外，杂粮加工副产物的开发难度也更大。其一是因杂粮种植分散、产量小、种植区域不易实现机械化作业，杂粮加工副产物的规模化利用受到限制；其二是因杂粮加工技术起步晚、技术落后、缺乏标准，杂粮加工副产物的标准化和科技化利用实现起来困难更多。

表6-2　杂粮加工副产物的主要用途（列举）

副产物名称	主要用途
青稞麸皮、青稞秸秆	提取多糖、提取膳食纤维、提取β-葡聚糖、提取多酚、饲用、制作建筑材料
大麦麸皮、大麦秸秆、大麦叶	饲用、提取多酚、提取多糖、提取膳食纤维
高粱秸秆	饲用、制备呋喃类化合物
藜麦麸皮、藜麦秸秆、藜麦糠	制备多肽、提取皂苷、饲用、提取多酚、提取黄酮、提取膳食纤维、提取多糖
荞麦秸秆、荞麦茎、荞麦壳、荞麦叶	制备生物炭和活性炭、饲用、提取多酚、提取黄酮、提取膳食纤维、提取多糖
燕麦麸皮	提取膳食纤维、提取多糖、提取燕麦胶、用作发酵原料、用作食品配料
莜麦秸秆	饲用
小米糠	提取木聚糖、提取蛋白、提炼米糠油、提取黄酮
蚕豆种皮	提取多酚、提取色素、提取膳食纤维、提取多糖
黑小豆种皮	提取多酚、提取色素、提取膳食纤维、提取多糖
红小豆种皮	提取色素、提取黄酮、提取膳食纤维、提取多糖
豇豆果皮	提取色素、提取黄酮、提取膳食纤维、提取多糖
绿豆壳、绿豆皮	制备吸附剂、提取黄酮、提取膳食纤维、提取多糖
豌豆种皮	提取膳食纤维、提取多糖
马铃薯秸秆、马铃薯渣、马铃薯加工废水	用作发酵原料、提取过氧化物酶、制备生物炭、提取果胶、提取膳食纤维、提取多糖、制作黏合剂、饲用和灌溉
油料粕	饲用、提取膳食纤维、提取多糖
油渣、皂脚	饲用、制备生物柴油、制备磷矿浮选捕收剂、制备端环氧基脂肪酸酯

需要说明的是，本书在这一章节中，将油菜籽、葵花籽、芝麻、棉籽、红花籽、油橄榄、油棕仁、蓖麻籽、亚麻籽、苏籽、大麻籽、油茶籽、沙棘籽、芥籽等油料的加工副产物，如饼粕、油渣、油脚、皂脚等，一并放入“杂粮”这部分内容中讨论。

6.1 杂粮秸秆

不同杂粮的秸秆成分会有不同，但基本上仍以纤维素、半纤维素和木质素为主。类似玉米秸秆，杂粮秸秆过去只作为反刍动物的饲料原料使用，其他用途的潜力有待开发。

6.1.1 饲用

大麦秸秆、高粱秸秆、藜麦秸秆、荞麦秸秆等均可直接或发酵后作为饲用原料。利用纤维素酶预消化大麦秸秆，可改善瘤胃细菌对纤维的消化和动物的生长性能（王先桂 等，2020）。以产朊假丝酵母和黑曲霉混菌发酵高粱秸秆，加之木聚糖酶和纤维素酶协同酶解，40℃下发酵5d，发酵高粱秸秆的粗蛋白质比例为15.51%，提高了甜高粱秸秆的饲用品质（岳丽 等，2021）。在奶牛饲粮中添加5%～10%的藜麦秸秆，显著提高产奶量和4%标准乳产量（郝怀志 等，2019）。在育肥期湖羊羔羊饲粮中添加了8%～24%的藜麦秸秆，随藜麦秸秆添加水平的提高，改善了羊体增重、平均日增重、有机物的摄入量和消化量及总能消化率（郝生燕 等，2020）。荞麦秸秆同样可作为滩羊的重要饲料原料（李斐 等，2021）。

6.1.2 制备呋喃类化合物

利用Hβ分子筛催化富含蔗糖、葡萄糖和果糖的甜高粱秆汁，可转化为5-羟甲基糠醛或糠醛（郑洪岩 等，2019）。

6.1.3 制备生物炭

利用马铃薯秸秆为原料，制作生物炭，以0.5%～3%的比例添加在宁南山区典型土壤，对Cd^{2+}有吸附能力，降低了玉米对Cd的吸收，促进玉米的生长（马贵 等，2021）。利用荞麦秸秆为原料，300～500℃下制备生物炭，该荞麦秸秆生物炭的制备温度能显著影响对尼泊金乙酯的吸附，对尼泊金乙酯的去除率最高达98%，等温吸附线符合Langmuir和Freundlich模式（张娱 等，2019）。

6.1.4 提取总酚和黄酮

以荞麦茎为原料，丙酮提取多酚和总黄酮，提取2次的最大提取率达93.7%，在丙酮体积分数50%、料液比1∶30、提取温度55℃、提取时间25min条件下，多酚和总黄酮得率分别为13.87mg/g和2.05mg/g（郭乾城，2020）。

6.1.5 制作建筑材料

利用青稞秸秆和碎石为掺和料，则掺入1%青稞秸秆的改性生土试件的抗压强度可提高1.17倍，峰值荷载的位移可提高0.4倍；0.25%青稞秸秆和20%碎石改性后成型较好、表面光滑且无干缩裂缝，抗压强度和变形性能分别提高了2.1倍和0.3倍（李航航 等，2021）。

6.2 饼粕

这里提及的饼粕，包含了油料取油后的饼、粕和（或）油料蛋白。一般油料经脱绒、脱壳和压榨取油后的副产品称为饼；经脱绒、脱壳或仁壳分离后，预压浸提或直接溶剂提取油后得到的副产品称为粕。饼粕中的蛋白、多糖、多肽、多酚、皂素等成分都很丰富。在实际应用上，由于蛋白质含量高，一般在15%～50%之间，饼粕作为饲料原料的开发价值得以体现。

6.2.1 棉饼 / 粕

棉饼 / 粕的蛋白含量丰富，在 38% ～ 50% 之间，且甲硫氨酸、色氨酸这两种必需氨基酸含量相对较多，维生素 E 和 B 族维生素也相对丰富。但是，棉饼 / 粕中含有大量的游离棉酚、单宁、环丙烯类脂肪酸等抗营养因子，尤其对幼龄动物的毒害大。受制于安全性等原因，饲用利用率不足 15%。另外，其氨基酸含量不均衡，赖氨酸含量少，精氨酸含量多。由于去壳和脱绒不彻底，有时粗纤维含量也相对较高。

微生物的发酵处理和酶制剂的作用，能够显著降低游离棉酚，将原料中大分子蛋白质水解成中小分子的肽或游离氨基酸，将非淀粉多糖水解为寡糖和单糖，使微生物增殖并获得更多的微生物蛋白，平衡了棉饼 / 粕中的蛋白质营养水平，从而提高了棉饼 / 粕的安全性、营养性能和饲用价值，扩大了使用范围。经过发酵条件优化，土曲霉对棉籽粕的脱毒效率最好，脱毒率可达 88.3%，推测木聚糖酶和 β-1,4-内切-木聚糖酶可能在棉酚降解过程中发挥了重要的作用（赵静，2017）。以醋酸棉酚为唯一碳源，筛选得到一株枯草芽孢杆菌，与酿酒酵母组合固态发酵棉饼 / 粕，游离棉酚的脱除率达 48.5%（王晓玲 等，2016）。

6.2.2 花生饼 / 粕

花生饼 / 粕的可利用能为 12.3MJ/kg，为饼粕中最高，粗蛋白含量高，富含黄酮类、三萜、甾类等活性物质，不饱和脂肪酸占比高，维生素和矿物质丰富。但是，花生饼 / 粕中赖氨酸和甲硫氨酸含量低，精氨酸含量却为动、植物饲料中最高，且易感染黄曲霉而带有黄曲霉毒素。

通过微生物发酵，花生饼 / 粕中单糖、双糖、低聚糖、小肽和游离氨基酸等小分子成分增加，营养价值相应提高；乳酸等有机酸含量提高、pH 降低，适口性改善；有益微生物的繁殖抑制寄生曲霉等萌发，生成产物降解或结合黄曲霉毒素，从而达到降解毒素的目的。利用纳豆芽孢杆菌和红曲霉混合固态发酵花生粕，提高了纳豆激酶的活力，得到了 γ-氨基丁酸，并且抗氧化物质有所提高（姜晓阳 等，2019）。通过与花生粕空白组和淘米水空白组对比，发酵花生粕在 C/N 比 15∶1 和 25∶1 时的协同效应均显著，挥发性脂肪酸的最高浓度分别为 11939.95mg/L 和 17228.06mg/L（黄定武 等，2019）。

6.2.3 菜饼 / 粕

我国是菜籽的第一生产大国，菜饼 / 粕产量丰富，其蛋白质含量在 34% ～ 42% 之间，氨基酸含量丰富且组成合理。但由于硫苷及其分解产物、多酚、植酸等内源毒素及抗营养因子存在，限制了菜饼 / 粕在饲料中添加量并提高了使用成本。

菜饼 / 粕经过发酵处理，蛋白质和维生素含量都有明显提高，黏性适度，钙、磷易吸收，硫苷降解彻底，脱毒效果好，饲料效价得到改善。通过黑曲霉和酶解两步法处理菜粕，菜粕中的硫苷、植酸含量分别降低了 33.20% 和 96.18%（帖余等，2019）。采用固相微萃取与气质联用方法研究发酵菜粕中的风味物质，发现发酵前对风味贡献最大的物质是 2-硝基噻吩，占总挥发酸总量的 17.77% ～ 22.21%；发酵后 2-硝基噻吩和苯丙腈组分在新疆发酵菜粕风味物质组分的质量分数变化不大，分别为 18.30% 和 12.15%，但在四川和双 11 这 2 种发酵菜粕风味物质组分的质量分数变化较大；发酵后醛类的含量都显著降低，吡嗪类、醇类、酯类含量都显著增加（杜静 等，2017）。

6.2.4 芝麻饼 / 粕

芝麻饼 / 粕，是芝麻经浸出法（压榨浸出或直接浸出）制得的适合饲料或饲料添加剂用的松散的富含芝麻蛋白的物料。利用解淀粉芽孢杆菌产生的蛋白酶，水解芝麻粕中的蛋白质大分子，可制备芝麻多肽（袁艳超，2017）。利用米曲霉发酵芝麻粕，产品中还原糖、总酸、蛋白质、游离氨基酸及氨基酸态氮含量均逐渐上升，分别为 0.736g/100g、0.0675g/100g、44.465g/100g、74.546mg/g 及 1.5328g/100g，多肽含量先上升后下降，最终含量为 16.936g/100g，酸性蛋白酶活力先上升后下降，最终为 579.003U/100g，米曲霉孢子数增加至 8.42×10^9 个 /g，发酵期间无 5-羟甲基糠醛产生（梁玉禧，2019）。

6.3 杂粮糠

杂粮糠层，是谷粒脱壳后糙米加工成精米过程中，得到的米糠，主要包括种皮、糊粉层、胚和少量胚乳。例如，小米糠富含蛋白质、脂肪、膳食纤维、维生素、矿物质、水溶性多糖、谷维素、多肽等（张敏 等，2013）。以冀谷 19 为例分析，蛋白质为 16.20%、脂肪为 14.90%、粗纤维为 26.81%、碳水化合物为 30.83%（表 6-3），是制备小米油、米糠蛋白和膳食纤维的优质原料；含有多种维生素，包括 β-胡萝卜素（0.248mg/kg）、维生素 B_1（14.0mg/kg）、维生素 B_2（0.9mg/kg）、维生素 E（19.0mg/kg），是制备天然维生素的良好原料；富含 Ca、Mg、Fe、Zn、Se 等多种矿物质，是补充机体矿物质元素的安全材料（张爱霞 等，2017）。应用康奈尔净碳水化合物-蛋白质体系测定（玉米皮、大豆皮、小米糠、葵花籽壳等）4 种粮食加工副产物的营养成分；如表 6-4，小米糠中的粗蛋白质含量最低，非蛋白氮含量高于葵花籽壳，总可消化养分含量高于其他 3 种副产物（张牧州 等，2020）。

表6-3　小米加工副产物基本成分分析（张爱霞 等，2017）

成分	含量	成分	含量
能量 /kJ	1351±4.16	维生素 B_1/（mg/kg）	14.0±0.25
水分 /%	0.66±0.11	维生素 B_2/（mg/kg）	0.9±0.01
蛋白质 /%	16.20±0.36	维生素 E/（mg/kg）	19.0±0.1
脂肪 /%	14.90±0.25	Ca/（mg/kg）	771.8±16.8
碳水化合物 /%	30.83±1.20	Mg/（mg/kg）	4800.0±51.3
粗纤维 /%	26.81±0.67	Fe/（mg/kg）	202.4±2.6
灰分 /%	4.60±0.15	Zn/（mg/kg）	48.0±2.0
β-胡萝卜素 /（mg/kg）	0.248±0.003	Se/（mg/kg）	0.020±0.001

表6-4　玉米皮、大豆皮、小米糠、葵花籽壳等营养成分对比（张牧州 等，2020）

单位：%DM

项目	玉米皮	大豆皮	小米糠	葵花籽壳
干物质	93.71±6.28	92.42±0.57	92.48±0.48	95.12±0.30
粗脂肪	1.84±0.27	1.97±0.36	8.61±0.21	5.65±0.60
中性洗涤纤维	74.04±2.87	66.04±1.86	54.26±1.18	79.14±2.08
酸性洗涤纤维	21.27±1.06	47.25±2.01	37.07±1.62	57.24±2.35
木质素	4.06±0.92	8.13±0.81	8.92±0.57	29.16±1.26
淀粉	4.82±0.73	1.17±0.09	5.88±0.60	—
粗蛋白	8.73±0.75	12.07±0.87	6.72±0.15	7.87±0.71

续表

项目	玉米皮	大豆皮	小米糠	葵花籽壳
可溶性粗蛋白质	37.40±0.78	26.13±0.92	22.69±0.51	16.47±0.54
非蛋白氮	72.96±2.41	38.48±0.53	33.01±0.97	23.22±0.26
中性洗涤不溶粗蛋白质	13.69±0.27	29.27±0.65	21.87±0.78	32.10±1.83
酸性洗涤不溶粗蛋白质	2.17±0.41	6.31±0.27	4.87±0.17	7.80±0.29
灰分	6.28±0.36	7.58±0.57	7.52±0.48	4.88±0.30
钙	0.10±0.004	0.40±0.01	0.33±0.01	0.27±0.01
磷	0.89±0.02	0.13±0.01	0.76±0.01	0.22±0.01

注：“—”表示葵花籽壳中未检测到淀粉；DM 指饲料原料的干物质。

6.3.1 提取木聚糖

采用蒸煮-碱提取法提取小米糠木聚糖，正交分析得到最佳提取条件：蒸煮时间 1.5h、蒸煮温度 90℃、提取温度 100℃、提取时间 2h、碱液质量分数 10% 及料液比 1∶25；木聚糖提取率为 21.71%（刘双全 等，2019）。

6.3.2 提取糠蛋白及多肽

利用蛋白酶水解小米米糠蛋白，得到 4 种多肽组分，其中低分子量的多肽具有良好的氧自由基吸附能力和降血压活性，血管紧张素转化酶的抑制率为 76.667%，肾素抑制率为 74%，具有作为降血压食品和保健品的开发潜力（邹智鹏 等，2020）。

6.3.3 提取米糠油

分析细糠和抛光粉中主要组分，即粗脂肪 11.56% 和 8.6%、粗蛋白 10.63% 和 12.41%、粗纤维 20.5% 和 2.25%，经压榨或浸提，小米糠油中脂肪酸分别为：亚油酸 67.13% ～ 68.81%，油酸 12.8% ～ 14.71%，棕榈酸 7.43% ～ 8.21%，维生素 E 为 789 ～ 1287mg/kg，谷维素为 0.40% ～ 0.59%，甾醇为 1.68% ～ 2.08%（其中谷甾醇 779 ～ 932mg/100g），角鲨烯含量为 102.45 ～ 126.22mg/kg（刘玉兰 等，2019）。

6.3.4 提取多酚和黄酮

糠层中存在丰富的多酚和黄酮。在乙醇浓度44%、提取时间31min、提取温度61℃、料液比1∶43、超声功率200W的工艺条件下，藜麦糠中多酚提取率为0.79%，多酚对·OH和DPPH·的清除率量效关系明显，并随浓度增加而增大（赵强 等，2020）。经超声辅助提取的藜麦黄酮对大肠杆菌、金黄色葡萄球菌、枯草芽孢杆菌、根霉等微生物有不同程度的抑制作用，抑菌效果与黄酮质量浓度呈正相关，并表现出热稳定性（范三红 等，2020）。不同浓度的小米糠黄酮表现出对氧化应激损伤的保护，显著缓解H_2O_2对HepG2细胞造成的生长抑制，提高超氧化物歧化酶、过氧化氢酶、谷胱甘肽过氧化物酶活力，降低活性氧和丙二醛的水平，显著下调bax、p53、Caspase-3凋亡蛋白等的表达量（郭增旺 等，2020）。

6.4 杂粮麸皮、种/果皮和外壳

杂粮中麸皮、种/果皮和外壳等，是获得杂粮淀粉过程中必然脱除的部分，其中的纤维、多糖、多酚、色素及矿物质等成分丰富，质量分数占比和体积大，不可轻易丢弃，加强收集和继续开发的价值同样不小。

6.4.1 制备吸附剂

利用聚苯胺负载荞麦壳，在pH2、Cr^{6+}初始浓度为200mg/L、吸附剂用量为0.1g、吸附8h条件下，Cr^{6+}吸附量达到59.84mg/g（王森 等，2021）。利用荞麦壳制作活性炭，采用磷酸活化剂、荞麦壳与活化剂比例为1∶3，500℃活化90min工艺，则荞麦壳基活性炭的中孔孔隙率最大为96.8%，总孔容量为0.666cm^3/g，比表面积为785.3m^2/g，其碘值和亚甲蓝值分别为765.8mg/g和222.2mg/g（侯嫔 等，2020）。利用绿豆壳作吸附剂，在pH2.0和25℃时，1g改性绿豆壳对70mg/L的Cr（Ⅵ）溶液吸附，6h吸附率可达95.40%（邓红江 等，2019）。

6.4.2 提取膳食纤维和多糖

豌豆种皮中提取的可溶性多糖，单糖组成为阿拉伯糖、木糖和半乳糖醛酸，当液料比 25∶1、提取温度 91℃、提取时间 1.5h 时，得率为 4.4%（瞿琳 等，2020）。青稞中提取的 β-葡聚糖，可增加淀粉糊化的峰值黏度和稠度系数等，从而提高体系的黏度，增加玉米淀粉在加工过程的抗剪切能力（章乐乐 等，2020）。青稞麸皮中提取的阿拉伯木聚糖，主要的单糖组成为阿拉伯糖、半乳糖、葡萄糖和木糖，在料液比 1∶25（g/mL）、NaOH 质量浓度 15g/L、提取温度与时间为 55℃和 3h 的工艺下，阿拉伯木聚糖得率为 14.31%（徐中香 等，2018）。荞麦皮中提取的多糖，主要由甘露糖、核糖、葡萄糖醛酸、葡萄糖、半乳糖、阿拉伯糖（6.47%、1.18%、9.66%、52.63%、17.26%、12.8%）组成，其铁氰化钾还原能力、羟基自由基和 DPPH 自由基清除能力与浓度相关（刘瑶 等，2019）。荞麦壳中提取的水不溶性膳食纤维，分别采用的是碳酸钠浸泡和盐酸酸提法，碳酸钠提取的荞麦壳水不溶性膳食纤维的得率为 82.75%，膨胀力为 6.87mL/g，持水力为 379.18%；盐酸提的荞麦壳水不溶性膳食纤维的得率为 86%，膨胀力 5.92mL/g，持水力为 365.31%（周正容 等，2020）。燕麦麸中提取 β-葡聚糖，超声辅助冻融，则该葡聚糖的得率为 6.0%，纯度可达 82.3%，持水率为 307.6%（黄玉炎 等，2021）。

6.4.3 提取多酚和黄酮

使用超微粉碎青稞麸皮，进而提取多酚和黄酮，共检出 19 种酚酸，其中游离酚以阿魏酸和藜芦酸为主、结合酚以阿魏酸和苯甲酸为主；游离酚中 2,4-二羟基苯甲酸、藜芦酸是清除 DPPH 自由基和抑制 α-葡萄糖苷酶活性的主要物质，阿魏酸是抑制 α-葡萄糖苷酶和 α-淀粉酶活性的主要物质，结合酚中 2,4-二羟基苯甲酸是抑制 α-淀粉酶活性的主要物质（赵萌萌 等，2020）。使用酸法提取青稞麸皮多酚，所得结合酚中含有 8 种酚酸和 8 种黄酮，总量达 325.104mg/100g，其中结合酚质量分数达 224.33mg/100g，DPPH 自由基清除能力达 9919.28μmol/100g（徐菲 等，2016）。使用超声和微波协同萃取得到黑小豆种皮多酚，总酚含量为（103.55±1.05）mg/g、总黄酮含量为（43.69±0.87）mg/g、总花色苷含量为（6.64±0.50）mg/g，而总抗氧化能力为（19.64±0.67）U/mg（包佳微 等，2021）。此外，紫红蚕豆种皮中总酚和花色苷含量最高，黑蚕豆种皮中总黄酮含量最高；5种不同颜色蚕豆种皮中总酚、总黄酮和花色苷含量分别为165.94～8487.62mg/100g、11.26～209.01mg/100g、1.08～65.64mg/100g（张杰 等，2021）。从黑小豆种皮中提取多酚，总酚得率为（89.13±0.73）mg/g，黄酮得率为（33.59±0.82）mg/g，总花色苷得率为（5.79±0.14）mg/g（包佳微 等，2019）。从绿豆皮提取物发现，主要包括牡荆素和异牡荆素两种碳苷类黄酮，占其总黄酮的90%以上（罗磊 等，2020）。

6.4.4 提取色素

提取红小豆种皮中的红色素，以水为溶剂，该花色苷含量为（145.8±0.17）mg/g，色价为58.08±0.09，是纯化前的2.41倍（金丽梅 等，2021）。提取紫豇豆果皮中花色苷，平均值为87.355mg/100g，其中最高含量为131.2036mg/100g（谢倩 等，2020）。

6.5 杂粮加工废渣和废水

很多杂粮在达到食用目的过程中主要涉及淀粉加工，而淀粉生产线会产生工业废渣和废水。这里以马铃薯为例，我国已跃居世界第一马铃薯生产国，种植面积在1亿亩（1亩=667m^2）上下，而每获得1t的淀粉就约有0.8t的马铃薯废渣和9t废水产生。这些副产物中含有淀粉、纤维素、半纤维素、果胶、蛋白质、游离氨基酸、寡肽等成分，可用于提取果胶和纤维、开发化工原料、作为饲料原料、制备染料乙醇、制备种曲及生物膜、农田灌溉等。

6.5.1 提取果胶

对比酸、酶和盐沉析提取马铃薯渣中果胶，从单糖组成来看，酸提取果胶（51481Da）主要由葡萄糖、半乳糖、阿拉伯糖以及少量的鼠李糖和木糖组成，酶提取果胶（14593Da）主要是葡萄糖和半乳糖；盐沉析提取果胶（11669Da）主要是葡萄糖、半乳糖、阿拉伯糖；从流变特性分析，酸提取果胶具有最高初始黏度；

从结构特性分析，盐沉析提取果胶呈光滑致密的块状结构，酶提取果胶呈不规则褶皱的形状，酸提取果胶呈棉絮片状；从抗氧化性分析，酸提取果胶表现出较高的清除DPPH自由基的能力，盐沉析提取果胶具有较高的清除·OH和·O_2^-的能力（杨月娇 等，2021）。对比酸、碱和酶等3种处理方法提取马铃薯渣中果胶：3种方法提取的果胶均以富含半乳糖侧链的鼠李半乳糖醛酸聚糖结构为主；从得率上分析，碱提果胶得率为23.1%，其次为酸提（11.7%）和酶提（6.0%）；从结构分析，3种果胶的甲酯化度均较低（0%～7.5%），而乙酰化度较高；从分子质量分析，酶提果胶的分子质量最高，为1706.3ku（孙玮璇 等，2021）。

6.5.2 提取膳食纤维

以马铃薯渣为原料，通过生物法-酶法、超声波裂解、高速剪切等技术提取膳食纤维，探索出最佳工艺，即最佳工艺条件为pH5、酶解温度45℃、酶添加量30U/g、2.5h，膳食纤维的提取率达25.87%，且持水力和膨胀力分别为7.19g/g、7.5mL/g（宋海龙 等，2020）。

6.5.3 制作油漆上浮剂

将马铃薯渣经醚化改性，与由三聚氰胺和甲醛合成的油漆消黏剂配合使用，在100mL含0.5%的红色醇酸调和漆的模拟废水中，当消黏剂和上浮剂的用量分别为10mL和20g时，处理效果佳，说明改性后马铃薯渣可能应用于油漆废水的处理（张媛 等，2019）。

6.5.4 用作发酵原料

马铃薯加工废水中蛋白质、游离氨基酸、游离淀粉和还原糖含量分别为16.0mg/mL、2.11mg/mL、0.18mg/mL和1.29mg/mL，钾、钙、镁、铁、锌、锰和铜含量分别为1.07mg/mL、0.05mg/mL、0.10mg/mL、7.10pg/mL、2.34pg/mL、0.25pg/mL和0.09pg/mL。以马铃薯加工废水为培养基，接种量6.0%的解淀粉芽孢杆菌，在

31℃下发酵35h，发酵液活菌数可达3.2×10^{10}CFU/mL，其抗菌脂肽粗提物的抑菌圈直径为22.81mm（申光辉 等，2019）。

6.5.5 提取过氧化物酶

从马铃薯加工废水中萃取、透析、冻干得到过氧化物酶，在室温、pH6、200U/mL、H_2O_2氧化初始浓度为0.8mmol/L的条件下，1.0mmol/L的马铃薯过氧化物酶反应10min后，对双酚A的降解率可达99%以上，对水体修复的潜在价值很大（王鑫鑫 等，2021）。

6.6 油脚、皂脚、除臭馏出物、油渣等

油脂榨取和精炼过程中产出的油脚、皂脚、除臭馏出物、油渣等副产物，含有水、磷脂、中性油、蛋白质、糖、色素、维生素、金属皂及黏液物等杂质，如利用分光光度法测定精炼副产物中维生素E含量约为0.759%（周青，2003）。应该说明的是，大豆、玉米、米糠、小麦胚芽及其他油料在获得油脂过程中，同样会产生以上提到的相关副产物。

以去核橄榄油渣为试验原料，用7%的去核橄榄油渣替代基础日粮，显著升高了处理组牛乳中α-生育酚、γ-生育酚、γ-三烯生育酚、生育酚总量和视黄醇浓度，而显著降低了硫代巴比妥酸反应物，显著提高脂肪酸（C18：2n−6和C18：4n−6）含量分别为32.29%和50%（王一冉 等，2020）。以椰子油皂脚油为原料生产生物柴油，其酯化效率相关于催化剂和结合反应装置的操作方法；在0.1MPa条件下通入甲醇1.32mL/min、反应30min，之后常压通入甲醇0.825mL/min、反应30min，椰子油皂脚油酸值为1.2mg/g，转化率为98.9%，酯化时间缩短1h（李惠文 等，2020）。以橡胶籽油皂脚制备端环氧基脂肪酸酯，当油酸钠与环氧氯丙烷摩尔比为1∶20，70℃下反应8h，端环氧基油酸酯得率为96%（谢东 等，2019）。

参考文献

包佳微，刘婷婷，李嘉欣，等，2019. 黑小豆种皮中总酚的提取及其抗氧化活性研究 [J]. 黑龙江农垦大学学报，31（6）：40-45.

包佳微，刘婷婷，张东杰，等，2021. 黑小豆种皮中多酚的超声-微波协同萃取工艺及抗氧化活性研究 [J]. 粮食与油脂，34（6）：59-67.

邓红江，吴汉福，孔德顺，等，2019. 改性绿豆壳对工业废水中 Cr（Ⅵ）的吸附研究 [J]. 广州化工，49（5）：78-80.

杜静，钮琰星，周琦，等，2017. 固相微萃取条件优化及发酵菜粕风味物质分析 [J]. 中国粮油学报，32（7）：114-120.

范三红，李兰，张锦华，等，2020. 藜麦糠黄酮的抑菌性研究 [J]. 中国食品添加剂，2：126-131.

郭乾城，2020. 荞麦茎中总酚和总黄酮的提取工艺研究 [J]. 中国农业文摘，4：27-31.

郭增旺，樊乃境，田海芝，等，2020. 小米糠黄酮对 H_2O_2 致 HepG2 氧化应激损伤的保护作用 [J]. 食品科学，41（5）：159-165.

郝怀志，董俊，杨发荣，2019. 日粮中添加藜麦秸秆对奶牛生产性能和血清生化指标的影响 [J]. 中国饲料，11：61-65.

郝生燕，杨发荣，潘发明，等，2020. 日粮添加藜麦秸秆对育肥羔羊生长性能和养分利用的影响 [J]. 草业科学，37（11）：2351-2358.

侯嫔，岳烨，张犇，等，2020. 荞麦壳基活性炭的制备及其性能研究 [J]. 矿业科学学报，5（1）：122-130.

黄定武，方茜，吉诗敏，等，2019. 花生粕和淘米水联合发酵产酸的协同效应 [J]. 环境工程学报，13（2）：465-473.

黄玉炎，柴小岩，何桀，等，2021. 超声辅助冻融法提取燕麦麸 β-葡聚糖 [J]. 食品研究与开发，42（3）：68-72.

姜晓阳，胡迎芬，郑靖义，等，2019. 混菌固态发酵花生粕的工艺优化 [J]. 食品工业科技，22：120-124.

金丽梅，隋世有，任梦雅，等，2021. 红小豆种皮色素提取及膜分离工艺研究 [J]. 食品与机械，37（5）：149-155.

李斐，杨万宗，田黛君，等，2021. 荞麦秸秆饲粮中添加甘露寡糖对滩羊生长性能、消化代谢、屠宰性能和肉品质的影响 [J]. 动物营养学报，33（4）：2126-2135.

李航航，李辉，张吾渝，等，2021. 基于青稞秸秆纤维及碎石的改性生土抗压性能试验研究 [J]. 青海大学学报，39（2）：49-55.

李惠文，杨铃梅，苗长林，等，2020. $NaHSO_4$ 催化椰子油皂脚油酯化降酸工艺优化 [J]. 农业工程学报，36（5）：255-260.

梁玉禧，2019. 米曲霉发酵对芝麻粕理化性质及抗氧化性的影响 [D]. 南昌大学 .

刘双全，马萍，2019. 小米糠中木聚糖提取工艺的研究 [J]. 农产品加工，494（12）：39-46.

刘瑶，王新然，赵悦，等，2019. 荞麦皮多糖组成及其抗氧化特性分析 [J]. 食品与发酵工业，

45（13）：134-140.

刘玉兰，黄会娜，范文鹏，等，2019. 小米糠（胚）制油及油脂品质研究 [J]. 中国粮油学报，34（5）：44-49+55.

罗磊，姬青华，马丽苹，等，2020. 绿豆皮黄酮对 H_2O_2 诱导人脐静脉血管内皮细胞损伤的保护作用 [J]. 中国食品学报，20（2）：35-41.

马贵，韩新宁，赵文霞，等，2021. 马铃薯生物炭对土壤中 Cd 的钝化效果 [J]. 新疆农业科学，58（4）：663-67l.

瞿琳，艾连中，赖凤羲，等，2020. 豌豆种皮水溶性多糖的提取优化、动力学与分子特征 [J]. 食品与发酵工业，46（21）：81-89.

申光辉，余国贤，张志清，等，2019. 利用马铃薯全粉加工废水培养解淀粉芽孢杆菌产抗菌脂肽条件优化 [J]. 中国生物防治学报，35（1）：89-98.

宋海龙，魏鸿雁，姚彩虹，等，2020. 马铃薯渣中膳食纤维提取工艺的优化 [J]. 中国食物与营养，26（7）：22-25.

孙玮璇，田金虎，陈健乐，等，2021. 提取方法对马铃薯渣果胶多糖组成及分子链构象的影响 [J]. 中国食品学报，21（7）：216-224.

帖余，李丽，刘军，等，2019. 菌酶协同处理对发酵菜粕的影响 [J]. 食品与发酵工业，45（17）：117-122.

王森，李天龙，程赛鸽，等，2021. 荞麦壳吸附材料的制备及其对 Cr^{6+} 的吸附性能研究 [J]. 应用化工，50（5）：1276-1281.

王先桂，许华杰，曾丹，2020. 纤维分解酶对大麦秸秆体外发酵和消化的影响 [J]. 中国饲料，10：107-110.

王晓玲，刘倩，韩伟，等，2016. 棉酚脱除菌株的筛选及棉粕混菌固态发酵研究 [J]. 粮油食品科技，24（1）：81-85.

王鑫鑫，李鑫，张树林，等，2021. 马铃薯过氧化物酶催化氧化快速降解双酚 A[J]. 工业水处理，41（1）：93-97.

王一冉，朱帅，2020. 去核橄榄油渣对泌乳水牛产奶量及奶品质的影响 [J]. 中国饲料，18：115-118.

谢东，陶云凤，和宇娟，等，2019. 橡胶籽油皂脚制备端环氧基脂肪酸酯的研究 [J]. 中国油脂，44（5）：38-42.

谢倩，阳晓婷，杨薇，等，2020. 新品种紫辣椒和紫豇豆果皮花色苷含量测定 [J]. 江汉大学学报（自然科学版），48（6）：72-77.

徐菲，杨希娟，党斌，等，2016. 酸法提取青稞麸皮结合酚工艺优化 [J]. 农业工程学报，32（17）：301-308.

徐中香，胡浩，李季楠，等，2018. 青稞麸皮阿拉伯木聚糖的提取工艺优化及结构分析 [J]. 食品科学，39（8）：191-197.

杨月娇，马智玲，白英，2021. 提取方法对马铃薯渣果胶结构特征及特性的影响 [J]. 食品与发酵工业，47（7）：146 -152.

袁艳超，2017. 蛋白酶高产菌株的筛选及其发酵芝麻粕制备芝麻多肽的研究 [D]. 江西师范大学 .

岳丽，王卉，再吐尼古丽 • 库尔班，等，2021. 菌酶协同发酵甜高粱秸秆工艺的优化 [J]. 粮食与饲料工业，2：49-53.

张爱霞，刘敬科，赵巍，等，2017. 小米加工副产物的成分分析和营养评价 [J]. 河北农业科学，21（1）：73-76.

张杰，杨希娟，党斌，等，2021. 不同颜色蚕豆种皮酚类物质组成及抑菌活性研究 [J]. 核农学报，35（8）：1848-1857.

张敏，周海，2013. 不同分子质量米糠多肽的抗氧化活性 [J]. 食品科学，34（3）：1-6.

张牧州，郝小燕，项斌伟，等，2020. 4 种反刍动物常用粮食加工副产物的营养价值和瘤胃降解特性的研究 [J]. 中国畜牧杂志，56（6）：114-118.

张娱，唐志书，贺元，等，2019. 荞麦秸秆生物炭对尼泊金乙酯的吸附特性研究 [J]. 粮食与饲料工业，1：19-22.

张媛，尹志华，赵兵兵，等，2019. 改性马铃薯废渣在油漆废水处理中的应用 [J]. 电镀与涂饰，38（5）：229-233.

章乐乐，崔鑫儒，赵创谦，等，2020. 青稞多糖对玉米淀粉糊化和流变特性的影响 [J]. 食品与生物技术学报，39（10）：73-81.

赵静，2017. 高效降解棉酚菌株的分离、鉴定及其降解机理的研究 [D]. 河南师范大学 .

赵萌萌，张文刚，党斌，等，2020. 超微粉碎对青稞麸皮粉多酚组成及抗氧化活性的影响 [J]. 农业工程学报，36（15）：291-298.

赵强，刘乐，杨洁，等，2020. 响应面法优化藜麦糠中多酚超声提取工艺及其抗氧化活性 [J]. 中国粮油学报，35（7）：143-149.

郑洪岩，王月清，常西亮，等，2019. Hβ 分子筛催化甜高粱秆汁转化制呋喃类化合物 [J]. 燃料化学学报，47（5）：605-610.

周青，2003. 分光光度法测定植物油精炼副产物中的 V_E[J]. 食品科技，（12）：76-79.

周正容，林天昌，时小东，等，2020. 碳酸钠和盐酸法提取荞麦壳中水不可溶性膳食纤维的对比研究 [J]. 食品工业科技，41（14）：172-178+203.

邹智鹏，王明洁，刘梦婷，等，2020. 小米米糠蛋白水解物及其膜分离组分的降血压相关活性研究 [J]. 中国粮油学报，35（6）：31-38.

第7章

粮食加工副产物研究与综合利用中的生物技术及典型案例

现代生物技术，综合现代分子生物学、生物化学、动植物学、遗传学、细胞生物学、胚胎学、免疫学、食品科学、有机化学、无机化学、物理化学、物理学、信息学及计算机科学等多学科技术，研究生命活动规律，产出满足人类需要的产品。近十余年，生物技术在利用我国丰富的粮食加工副产物资源方面所显现的作用凸显，占据举足轻重的位置，尤其是包括现代发酵技术、酶处理技术、基因工程、基因组测序、多种组学联用等在内的生物技术，服务于粮食加工副产物的精深加工和综合利用，开发出了无数新产品、新工艺和新技术，在提高资源转化利用率方面效果显著。

在粮食加工副产物的创新应用与开发过程中，我们始终强调“综合”和“集成”，意在打破学科壁垒，加强前沿技术交叉融合。这与以下重点强调某几项技术或逐一介绍具体技术的宗旨并不违背，相反，通过每项进步中的技术介绍，抽丝剥茧地展现它们的利用现状、技术优势及发展趋势，能够让读者寻找到与自己的契合点。

7.1 重点生物技术

7.1.1 现代发酵技术

7.1.1.1 技术简介

从传统天然发酵到纯种发酵，再到形成现代发酵工程体系，时间跨度逾千年，生物发酵技术不断向规模化、标准化、功能化升级与发展。当今，我国在发酵工程技术、产能及生产规模等方面已取得巨大的成就，几乎具有生物工程相关产业中的所有主要产品。

现代发酵技术强调在发酵过程的多层面和多尺度构建。①人工合成菌群：可通过对已鉴定的原始菌群进行改造、替换、组合或者删减，也可通过合成生物学手段引入新的菌种。②微生物代谢特性及功能解析：引入生物系统工程理念，运用多组学分析手段，解析微生物之间、微生物与环境之间的相互作用，确定不同微生物对发酵产品品质的影响，实现发酵过程的定向调控。③预测发酵过程：通过对不同发酵阶段测定，获得特定条件数据库，并结合数理统计分析、数据挖掘和机器学习等手段，对微生物群落的时空行为进行描述，并对发酵品质进行预测；不仅能省略许多试错而直接提高发酵工艺效率，还能保证发酵产品的安全性和质量。④发酵装备的智能化：在智能化发酵装备的设计和开发中，图像采集、传感器网络、智能识别、智能机器人、智能化系统设计及智能设备和装备体系的利用，使得在线监测和调控成为可能，精准控制发酵条件，保证发酵程度，降低了加工能耗及成本（张春月 等，2021）。⑤发酵原料的精准成分分析和累计：发酵原料的选择和发酵配方的构建，需要兼顾性价比和稳定性，不止于原料重量的加和，而是在充分认识微生物代谢和营养流基础上，精准分析关键营养成分，确定初始培养基组成和流加速率，以期得到最高的发酵效率和产品数量及质量。⑥发酵空间的最大化利用：产能规模扩大虽有极限，但空间单位效率是有可挖掘潜力的。

7.1.1.2 应用方向

现代发酵技术在粮食加工副产物研究和综合利用中有广泛的应用：①在生物

质能源开发方面，以纤维素类物质为原料，通过发酵技术生产包括燃料酒精、生物柴油、生物制氢、生物质气化及液化燃料在内的生物质能，即是生物燃料产业未来规模化发展的方向之一。②在发酵原料等效替代方面，粮食加工副产物既可作碳源，又能作氮源，还有各种数量可观的生长因子，是优良的发酵培养基组分，未来仍可继续丰富原料预处理手段，做到成分和元素定量及精细量化使用，充分释放其为微生物提供能量和营养的潜力。③在制作发酵酶解饲料方面，结合液态（生产菌种）和固态发酵（副产物原料），得到蛋白质、可溶性糖和纤维素、益生菌及代谢产物等多种营养的产品，寻找工艺与时效的结合点，扩大饲用原料来源同时还能部分替代抗生素。④利用碎米等原料可发酵酿酒、制醋。⑤发酵手段作为生物改性方法之一，参与到如米糠多糖、玉米多糖、大豆多糖等的定向改性工作，制备具有特殊医疗或保健功能的多糖类产品，对慢性病、癌症等的治疗有突出功效。

7.1.1.3 待解决的关键问题

现代发酵技术在粮食加工副产物研究和综合利用中的关键问题或未来工作：①具有自主知识产权的菌种资源少、相关核心专利少；菌种就是发酵工程的“芯片”，而我国在微生物菌种的筛选和研发实力方面亟待加强。②发酵工艺落后，导致高纯度、高标准的产品少。③自动化和智能化的核心设备少，研发力度不足；目前粮食加工副产物相关的发酵生产线几乎不能实现 100% 自动化作业，智能化装备则更加滞后。

7.1.2 酶处理技术

7.1.2.1 技术简介

我们通常说的酶工程，即使用蛋白质工程技术或物理、化学生物修饰法改变或修饰酶分子，进而改善酶的性质，提高其活性，使之更好地发挥催化作用。随着基因工程、细胞工程、发酵工程和蛋白质工程等生物工程手段不断丰富和深入，无论从数量还是活性，酶工业均不断取得突破，直接体现在许多酶类能够规模化量产，使用成本大幅降低，应用遍布科研、医药、农业、食品、环境、纺织等生产生活各领域，提高了各行业的生产效率。

酶处理技术的进步建立在酶工程的演变，已从最原始的单纯提高酶产量发展到酶的生物学性质进行特征性研究与修饰：①人工设计酶。依靠计算机的强大功能和优化算法，充分考虑分子力场、酶的设计方法、筛选评估方法等因素，提高酶设计的速度和精确度，设计出满足催化活性、稳定性、底物特异性等要求的新酶（王雅丽 等，2021)。②酶分子修饰技术。通过使用酶分子结构和若干官能团的修饰，或将蛋白质上一个或一些氨基酸修饰替换，降低酶对条件的依赖，以达到提高催化目标物的目的。③酶的固定化。通过包埋、吸附、交联、纳米负载的物理化学手段，将溶水的酶固定在特定空间，提高酶的浓度和重复利用，提高催化效率和专一性，并且降低了使用成本。④非水相反应。利用酶在非水介质中催化的一些优势，使疏水性的底物或产物可以在非水介质中催化，从而大大提高其溶解度，解决难以在水中实现的合成反应（段涛，2021)。

代表性新型酶固定化载体材料见表 7-1。

表7-1 代表性新型酶固定化载体材料（刘茹 等，2021)

材料名称	固定化酶	材料名称	固定化酶
生物素-链霉素亲和素	原核表达酶等	介孔氧化硅	碳酸酐酶、淀粉酶、丙氨酸消旋酶、纤维素酶等
纳米颗粒	溶菌酶、α-胰凝乳蛋白酶等	聚合物包衣纳米颗粒	胰凝乳蛋白酶、脂肪酶、氯过氧化物酶
碳纳米管	α-半乳糖苷酶等	石墨烯纳米片	β-半乳糖苷酶、柚皮苷酶等
纳米纤维	辣根过氧化物酶、过氧化氢酶等	磁性纳米颗粒	内酰胺酶、脂肪酶、葡萄糖氧化酶、碳酸酐酶等
单壁碳纳米管	枯草杆菌蛋白酶、辣根过氧化物酶、蛋白酶 K 等	多壁碳纳米管	脂肪酶、水解酶、漆酶、多种氧化还原酶等
金属有机骨架	乙酰胆碱酯酶、葡萄糖苷酶、漆酶、脂肪酶等	还原氧化石墨烯	辣根过氧化物酶等
聚醚砜膜	内酯酶等	聚乙烯醇纳米纤维	脂肪酶、磷酸三酯酶等
聚己内酯纳米纤维	过氧化氢酶等	聚苯胺-聚丙烯腈复合材料	葡萄糖氧化酶
壳聚糖-藻酸盐复合微珠	淀粉葡萄糖苷酶	氧化石墨烯-Fe_3O_4复合材料	葡糖淀粉（糖化）酶
聚丙烯腈多壁碳纳米管	过氧化氢酶	$CaCO_3$-金纳米微粒	辣根过氧化物酶
壳聚糖纳米胶囊	脂肪酶、漆酶等	聚苯乙烯纳米微粒	漆酶、水解酶等

7.1.2.2 应用方向

酶处理技术在粮食加工副产物研究和综合利用中有广泛的应用：①在淀粉加工方面，酶解纤维素可以得到或开发葡萄糖、麦芽糖醇、甘露醇、山梨糖醇、木聚糖、麦芽糊精、果葡糖浆等产品，提高谷物淀粉的附加值。②在谷物蛋白质利用方面，酶水解蛋白质进行深加工生产生物活性肽，如降血压肽、促生长肽、免疫调节肽等，具有调节机体机能、预防疾病和促进健康的特定功效，可作为功能性食品配料，开发如促进钙吸收食品、降血压食品、醒酒食品、运动食品、婴幼儿食品等一系列健康产品或特殊医疗用途食品等；酶水解改性蛋白质，后者的加工特性［水溶性、乳化（稳定）性、起泡（稳定）性、热稳定性以及风味特性等］得到改善，制成新的天然添加剂和配料。③在油脂提炼方面，在传统工艺基础上，开发水酶法提油工艺，采用酶（如蛋白酶、纤维素酶、半纤维素酶、果胶酶、淀粉酶、葡聚糖酶等）处理油料，从而节约能源，提高出油率。④在面食烘焙方面，如木聚糖酶、戊聚糖酶、淀粉酶、麦芽糖酶、脂肪（乳化）酶、葡萄糖氧化酶等，可用作面粉调理剂、防面食老化剂、乳化剂替代物品质改良剂等。⑤在活性物质提取和酶解饲料制作方面，采用半纤维素酶、木聚糖酶等酶处理麦麸、米糠、稻壳等原料，可以有效分解纤维素、提取和制备活性多糖，提高营养价值，具有反应条件温和、绿色环保、提取率高等优点。

7.1.2.3 待解决的关键问题

酶处理技术在粮食加工副产物研究和综合利用中的关键问题或未来工作：①应用于粮食加工副产物转化、兼具高效、高特异性和廉价的工业酶种类少，亟待研发具有自主知识产权的酶制剂及其高效应用技术。解决途径之一是结合传统的自然界筛选和生物信息数据库挖掘，鉴定功能酶编码基因，并进一步通过酶家族性能多样性的对比分析，揭示相关酶的序列、结构与功能的关系，集合理性设计和非理性定向进化技术进行酶功能优化，从而获得催化效率高、稳定性好以及专一性强的新型酶制剂。②开发新型、高效的粮食加工副产物专用真菌毒素脱毒酶制剂产品，解决粮食加工副产物利用前端的真菌毒素污染问题。③结合酶工程技术、微生物技术及发酵工程技术，开发食品级、高效表达的生物工程菌株及完整的酶制剂生产方案，并实现工业化生产。④运用新型酶制剂，实现玉米皮、麸皮、米糠、秸秆等副产物的高效生物转化，筛选具有免疫调节、抗氧化功能及保健功能的生理活性物质，开展功能活性成分的结构鉴定和活性评价，开发基于粮食加工副产物来源的功能性食品配料及营养健康食品。

7.1.3 基因工程

7.1.3.1 技术简介

基因工程即DNA重组、基因拼接、基因编辑等技术集合，可将外源基因通过体外重组或编辑后导入受体细胞内，使基因复制、转录、翻译表达，得到预期的蛋白或实现目标功能。经典的基因工程步骤即：首先提取目标基因，其次将目标基因与质粒等载体结合形成重组DNA，最后导入受体细胞，并检测目标基因是否表达、表达量及表现出的特定性状等，来判断该基因工程的效果。

近四十年来，基因工程作为现代分子生物学技术的重要组成部分，在推动广泛领域进步过程中，技术本身也在大幅前进；例如，以CRISPR/Cas9系统为代表的基因编辑技术，使用核酸酶“剪刀”在基因组中特定位置断裂特异性位点双链，通过非同源末端连接或同源重组实现定点突变，这一技术延展了基因工程的内涵，极大地拓展了其应用领域和提高了其实际效率。

7.1.3.2 应用方向

基因工程在粮食加工副产物研究和综合利用中的应用包括：①针对玉米浆等副产物中真菌毒素污染，重组脱氧雪腐镰刀菌烯醇、黄曲霉毒素等毒素的降解酶基因，高效异源表达（陈伟 等，2020）。②针对玉米皮等副产物中纤维素、半纤维素含量高的问题，克隆裂褶菌的木聚糖酶基因，实现异源表达酶蛋白和水解纤维素（王靖宇 等，2018）。③在玉米、水稻和大豆中导入各种抗逆基因，收获的转基因产品可改善产量和质量，间接提高了加工副产物的产量和质量。④利用基因工程可以改良发酵工业与酶制剂工业中的微生物菌种，如将纤维素分解酶基因转移至乳酸菌表达，可使重组乳酸菌进一步获得利用麸皮、种壳等副产物的能力，增加活菌单位，增加抗菌肽等其他目标物的表达。⑤以粮食加工副产物为底物，运用基因工程，还可改良啤酒的加工工艺；增加食品的甜味，提高氨基酸的含量，改良蛋白质品质；改进食品生产工艺等。

7.1.3.3 待解决的关键问题

基因工程在粮食加工副产物研究和综合利用中的关键问题或未来工作：①根据粮食加工副产物的组成成分特点，充分利用基因工程优势，将多样化和通用化的目标基因实现高效表达，提升副产物的转化或利用效率。②利用同时考虑构建更多的食品级表达系统，兼顾产品安全。③充分考虑工程菌在固态发酵（粮食加工副产物）体系中的功能实现与工艺建立问题。

7.1.4 多组学技术

7.1.4.1 技术简介

组学，意在从整体水平上收集目标物的所有数据并分析其规律，主要包括基因组学、蛋白组学、代谢组学、培养组学、转录组学、脂类组学、免疫组学、糖组学、RNA 组学、影像组学、超声组学等。这里重点介绍宏基因组学和代谢组学。

宏基因组学以一个环境样品中生物群体的基因组作为收集和研究对象，是用功能基因筛选或测序分析的手段进行研究的方法。宏基因组学在微生物群落组成、微生物群落动态演替、功能基因和功能化合物、酶或活性物质信息挖掘、微生物与环境相互作用关系等方面多有进展（高航 等，2020）。代谢组学主要研究细胞内糖、脂质和蛋白质代谢过程中的中间和终产物，解释不同代谢产物与相应生理、病理状态的关系等生命现象。代谢组学在创伤修复与应激、疾病、药物、失重医学、发现生物学标志物等方面多有进展（李鳌 等，2020）。

7.1.4.2 应用方向

多组学在粮食加工副产物研究和综合利用中的应用包括：①通过高通量测序为基础的宏基因组测序手段，全面了解发酵豆粕、发酵麸皮、霉豆渣等过程中的菌群结构和多样性，再寻找微生物间关系和预测基因功能等（尚雪娇 等，2021）。②结合宏基因组学和代谢组学，研究如多糖喂食对动物肠道菌群与某项功能实现或疾病相关产物之间的联系、窖池菌群关键微生物群类与酿酒风味组学关系等，并通过代谢图谱对微生物代谢产物进行定量和定性分析，研究代谢机制同时监测和优化发酵工艺。③利用培养组学分离、筛选利用粮食加工副产物的微生物，对于其中难以确定的苷生种进行宏基因组测序鉴定，结合体外、体内实验，再探索功能宏基因组和代谢组，解释微生物如何利用该副产物和作用机制。

7.1.4.3 待解决的关键问题

多组学技术待解决的关键问题或未来工作：①数据的整合与创建联系。不同组学的宏量数据需要归一化处理、统计比较、分析、综合探索高效的计算方法，建立不同组学间数据的关系，从基因、转录、蛋白和代谢水平进行全面深入的阐释。②基因组测序技术本身在剪切和拼接过程中有一定的错误概率，导致不存在的基因序列出现，而得到错误结论。③代谢组学对精密仪器和检测方法的依赖度很高，需要统筹考虑（尤其是痕量）代谢物检测的覆盖面、精确性、灵敏度和重现性。④利用多组学研究往往能得到底物与目标现象间的“相关性”结论，如何用实验手段精确、快速论证，得到“因果性”结论。

7.2 生物技术运用的典型案例

7.2.1 大豆乳清废水的生物转化

7.2.1.1 研究思路

以大豆乳清废水为主要培养基成分，通过益生菌菌株利用大豆乳清中的营养成分实现增殖，得到发酵后合生元产品；分析发酵前后产品中主要营养成分含量改变，工艺优化并稳定参数；再以该产品为研究对象，通过动物实验，评价产品对肠道微生态和短链脂肪酸生成的影响。大豆乳清废水生物转化的研究思路见图 7-1。

7.2.1.2 研究和应用成果

研究和应用成果如下：①以大豆制品加工生产线中分离、纯化得到的干酪乳杆菌菌株 GJ00412（GenBank 登录号为 MN650243）为例，它在浓缩 5 倍的大豆乳清废水中培养后活菌浓度可达到 4×10^{9}CFU/mL。②在稳定浓缩、发酵和冻干工艺基础上，得到合生元产品，其评价标准是：乳酸菌数量≥ 1.0×10^{10}CFU/g，蛋

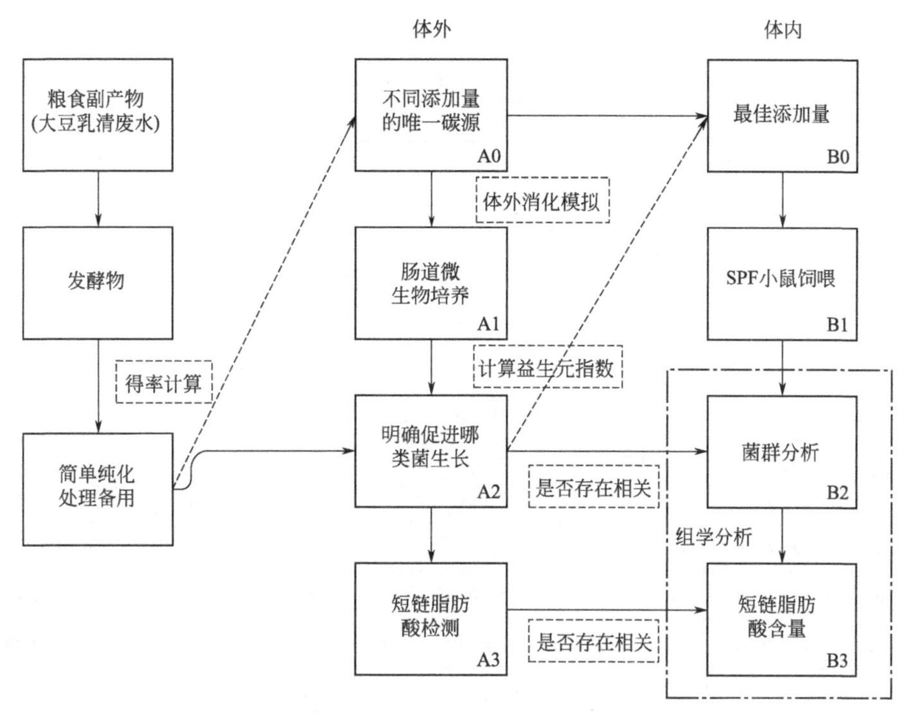

图 7-1　大豆乳清废水生物转化的研究思路

A0 ～ A3、B0 ～ B3 分别代表体内和体外试验完成顺序

白质≥ 21%，氨基酸≥ 16%，可溶性膳食纤维≥ 5.0%，低聚糖≥ 7.5%。③通过动物实验可知，该产品对肠道微生态和短链脂肪酸（SCFAs）生成均有不同程度影响。如摄入该产品的小鼠肠道中总 SCFAs 含量显著提高，且对 SCFAs 结构影响显著。小鼠肠道中厚壁菌门与拟杆菌门菌群比值均显著降低，尤其对阿克曼氏菌（*Akkermansia*）的丰度影响显著（韩伟 等，2019；Wei Han et al., 2022）。研究及应用成果详见表 7-2、表 7-3 以及图 7-2 至图 7-5。

表7-2　发酵大豆乳清粉成分检测

项目	指标	原始豆清粉	发酵豆清粉
感官评价	颜色	黄色	麦黄色
	粒度	无显著差异	
	气味	无特别香味	水果香味
成分评价	pH	4.5 ～ 4.7	4.0 左右
	蛋白质 /（g/100g）	20.01	21.0
	氨基酸 /（g/100g）	15.86	16.31

续表

项目	指标	原始豆清粉	发酵豆清粉
成分评价	总膳食纤维 /（g/100g）	5.01	5.15
	可溶膳食纤维 /（g/100g）	4.99	5.12
	低聚糖 /（g/100g）	9.68	7.89
	棉子糖 /（g/100g）	1.82	1.46
	水苏糖 /（g/100g）	7.86	6.43
	干酪乳杆菌 /（CFU/g）	0.00	$>1.0\times10^{10}$

表7-3　相同饲喂（小鼠）时间点肠道SCFAs结构分析

样本名	乙酸 /（mg/g）	丙酸 /（mg/g）	异丁酸 /（mg/g）	丁酸 /（mg/g）	异戊酸 /（mg/g）	戊酸 /（mg/g）
C1-28d	0.49 ± 0.25^{a}	0.43 ± 0.01^{de}	0.16 ± 0.01^{a}	0.45 ± 0.00^{b}	0.17 ± 0.01^{ab}	0.20 ± 0.02^{d}
C2-28d	0.94 ± 0.09^{b}	0.29 ± 0.02^{a}	0.16 ± 0.00^{a}	0.27 ± 0.02^{a}	0.16 ± 0.00^{a}	0.16 ± 0.00^{bc}
G1-28d	1.50 ± 0.18^{c}	0.35 ± 0.03^{abc}	0.21 ± 0.05^{b}	0.42 ± 0.05^{b}	0.19 ± 0.01^{c}	0.00 ± 0.00^{a}
Z1-28d	2.25 ± 0.30^{de}	0.33 ± 0.01^{ab}	0.18 ± 0.00^{ab}	0.41 ± 0.01^{b}	0.18 ± 0.00^{ab}	0.15 ± 0.01^{bc}
D1-28d	2.49 ± 0.15^{ef}	0.40 ± 0.02^{cd}	0.18 ± 0.00^{ab}	0.57 ± 0.03^{c}	0.18 ± 0.00^{abc}	0.16 ± 0.01^{bc}
G2-28d	2.71 ± 0.26^{f}	0.44 ± 0.02^{de}	0.18 ± 0.00^{a}	0.62 ± 0.04^{c}	0.17 ± 0.00^{a}	0.17 ± 0.01^{c}
Z2-28d	2.09 ± 0.12^{d}	0.39 ± 0.04^{bcd}	0.18 ± 0.01^{ab}	0.54 ± 0.08^{c}	0.17 ± 0.01^{a}	0.15 ± 0.00^{bc}
D2-28d	2.69 ± 0.12^{f}	0.47 ± 0.06^{e}	0.19 ± 0.01^{ab}	0.54 ± 0.07^{c}	0.18 ± 0.01^{bc}	0.15 ± 0.00^{b}

注：同列中不同肩标字母代表差异显著（$P<0.05$），相同肩标字母代表差异显著（$P>0.05$）。

图 7-2　大豆乳清粉和发酵大豆乳清粉的电镜图

电镜型号 JSM-IT800；样品按照常规粉末制样方法制备，然后镀白金膜，10mA，30s 多角度喷镀四次后进行 SEM 观察

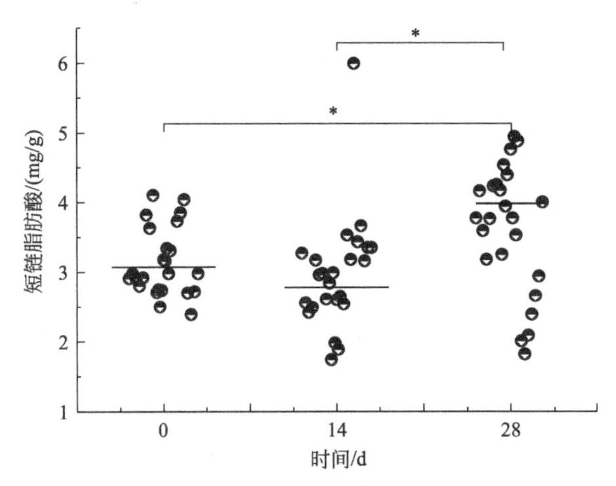

图 7-3 不同饲喂（小鼠）时间点肠道总 SCFA 生成量

纵坐标为总 SCFA 生成量；组间“*”代表差异显著

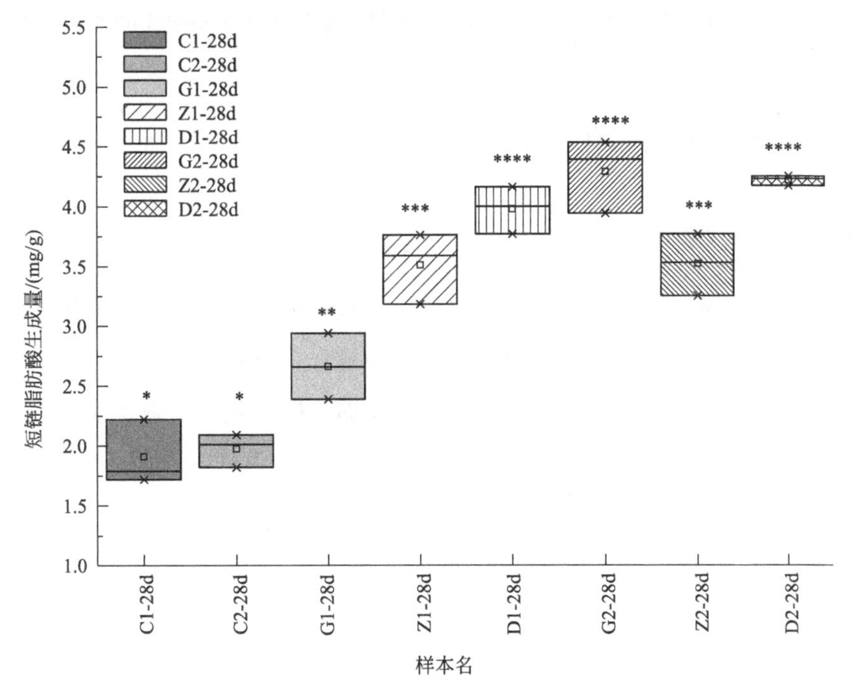

图 7-4 相同饲喂（小鼠）时间点肠道总 SCFA 生成量比较

纵坐标为总 SCFA 生成量

样本名：C1 为基础日粮组，C2 为基础日粮 + 益生菌组，D1 为低剂量大豆乳清粉组，Z1 为中剂量大豆乳清粉组，G1 为高剂量大豆乳清粉组，D2 为低剂量发酵大豆乳清粉组，Z2 为中剂量发酵大豆乳清粉组，G2 为高剂量发酵大豆乳清粉组。下同

不同数量的“*”代表差异显著

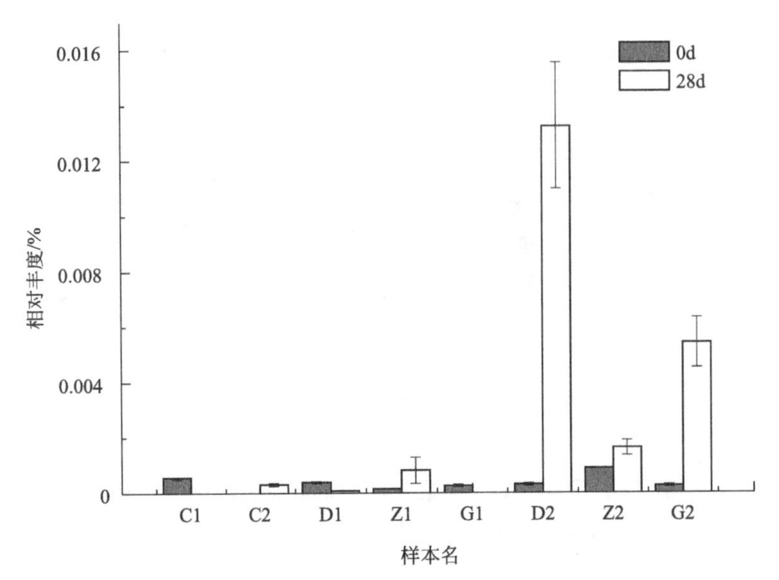

图 7-5　不同饲喂（小鼠）时间点肠道阿克曼氏菌（*Akkermansia*）的丰度比较

7.2.2　固态发酵棉粕

7.2.2.1　研究思路

以脱除游离棉酚和饲用化棉粕为目的，通过以醋酸棉酚为唯一碳源的培养基筛选能利用该营养的微生物，并研究其脱毒机理，完善液态发酵工艺。结合固态发酵技术，以游离棉酚、粗蛋白、粗纤维、小肽、酸溶蛋白、益生菌等为评价指标，探索固态发酵工艺，形成完整的饲用配方方案。研究思路见图 7-6。

7.2.2.2　研究和应用成果

研究和应用成果如下：①应用 96 孔板培养和高效液相检测技术，从实验室芽孢杆菌菌株库中筛选获得了一株具有良好棉酚脱除能力的菌株（编号 ST-141），培养基中棉酚含量下降 80% 以上，固态发酵棉粕复检中游离棉酚脱毒率大于 30%（图 7-7 和图 7-8）。②经 16S rDNA 和 *gyr* B 基因测序及 Biolog 微生物鉴定，初步判定 ST-141 是一株枯草芽孢杆菌（图 7-9 至图 7-11）。③结合单因素试验和响应面分析，得到 ST-141 最佳种子培养基的配方为：蔗糖 5.71g/L、玉米浆干粉 21.13g/L、七水硫酸镁 9.74g/L、氯化钠 13.83g/L，活菌数最高达 4.87×10^9CFU/mL（图 7-12）。

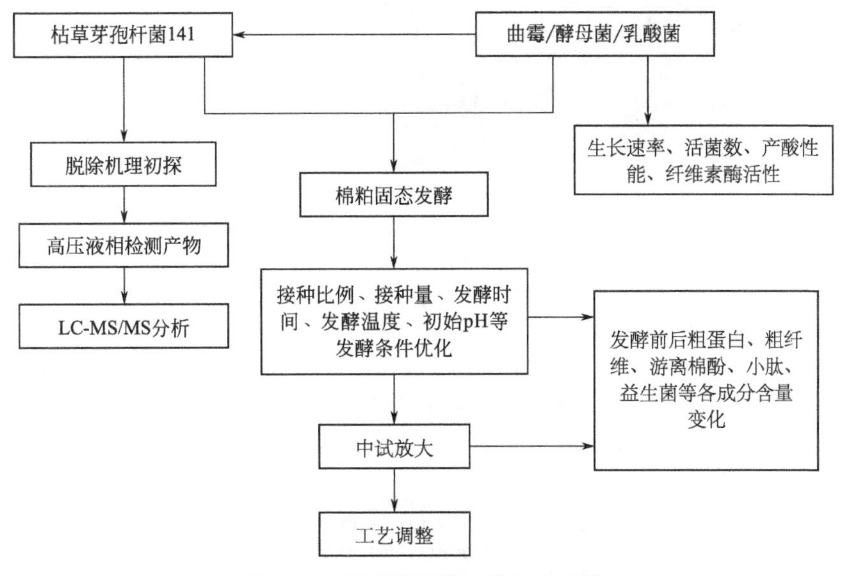

图 7-6　固态发酵棉粕的研究思路

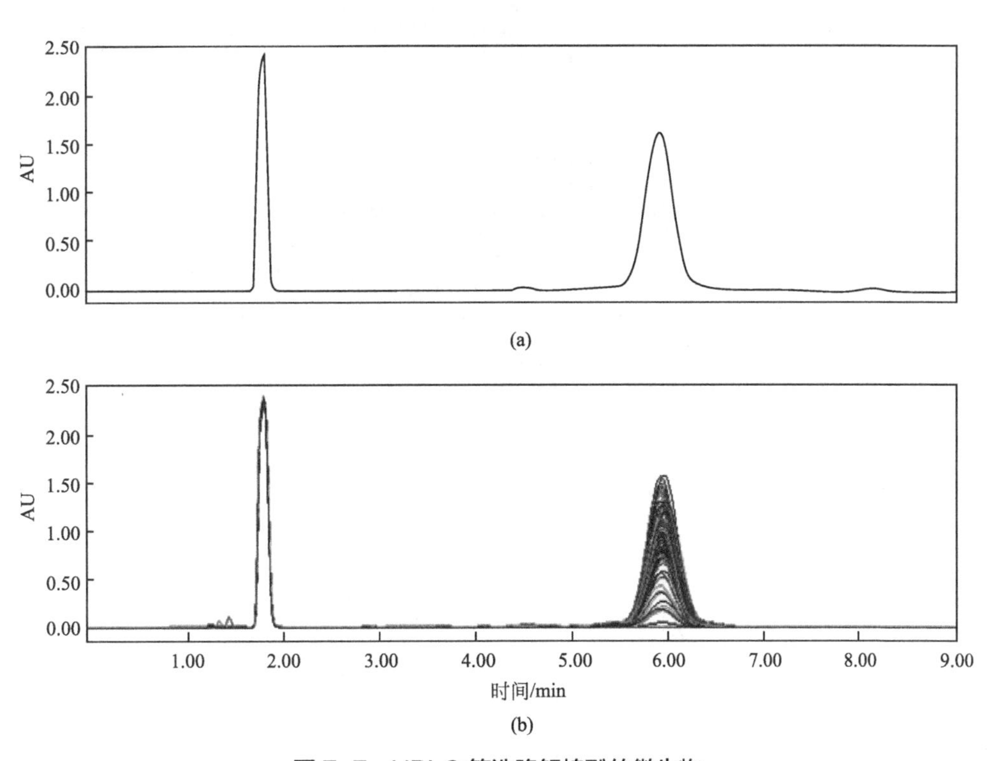

图 7-7　HPLC 筛选降解棉酚的微生物

（a）为醋酸棉酚标准品的 HPLC 检测；（b）为筛选微生物脱除培养基中棉酚的 HPLC 检测

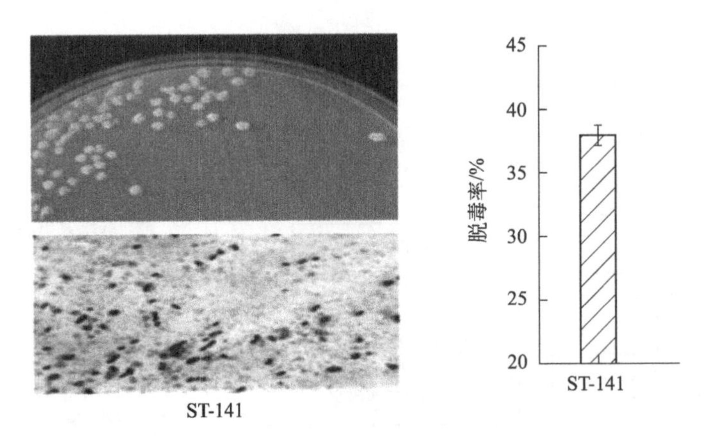

图 7-8 ST-141 的形态和棉酚降解率

左图上为 ST-141 的菌落；左图下为 ST-141 的显微形态（10×100）；右图为 ST-141 脱除棉粕中游离棉酚的检测情况

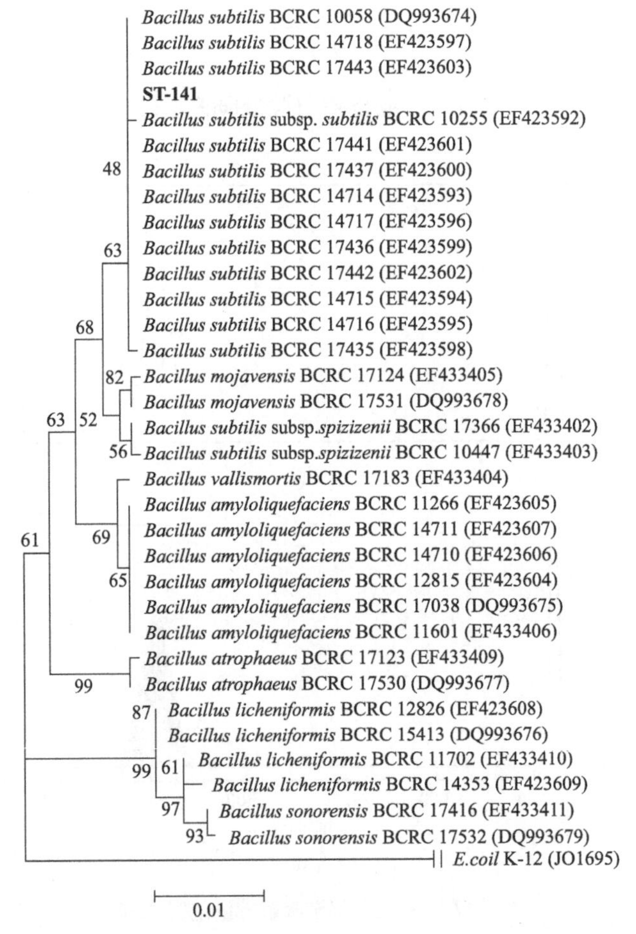

图 7-9 基于 16S rDNA 基因序列构建的 ST-141 和相近菌株的系统发育进化树

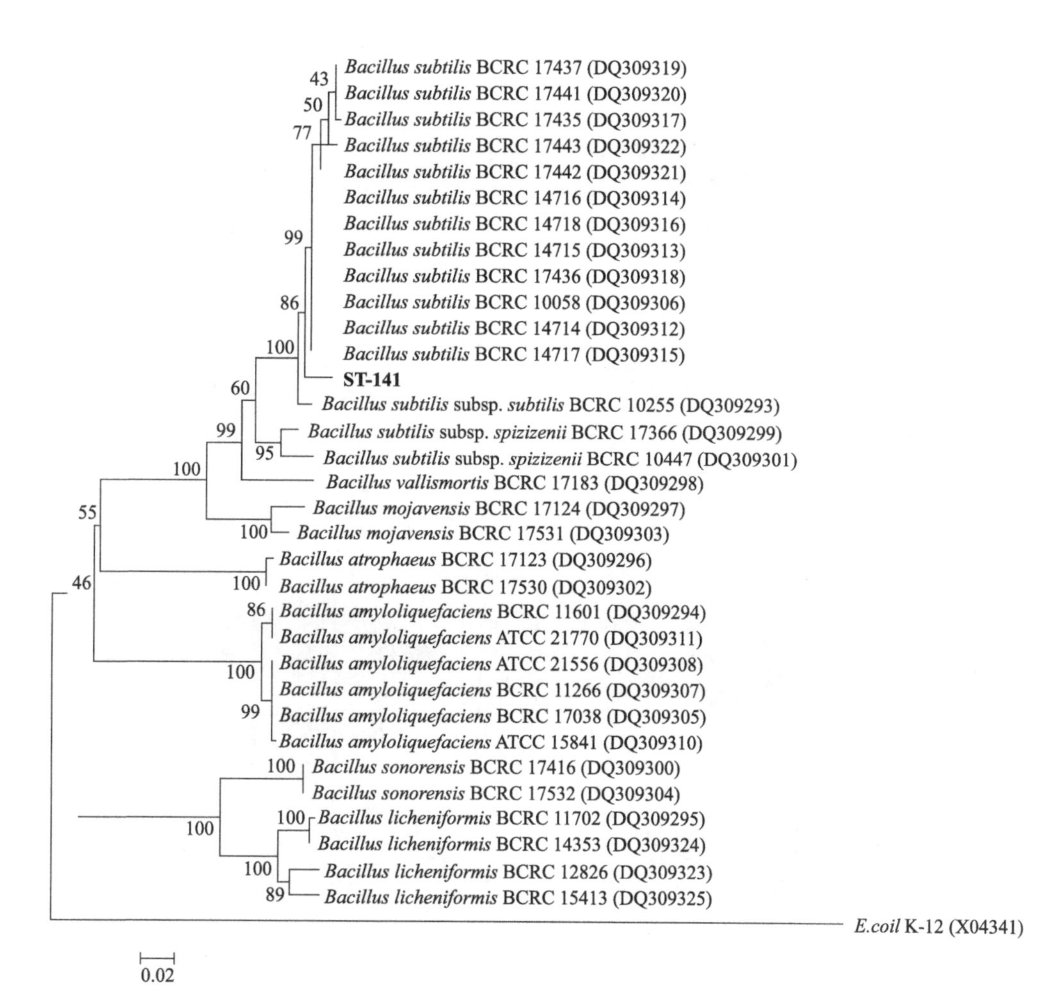

图 7-10　基于 *gyr* B 基因序列构建的 ST-141 和相近菌株的系统发育进化树

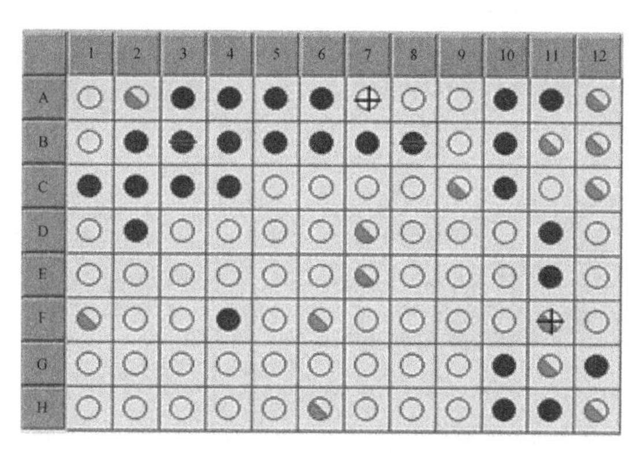

图 7-11　Biolog 生化鉴定结果

SIM（相似性）为 0.59；PROB（可能性）为 80%；DIST（位距）为 3.624

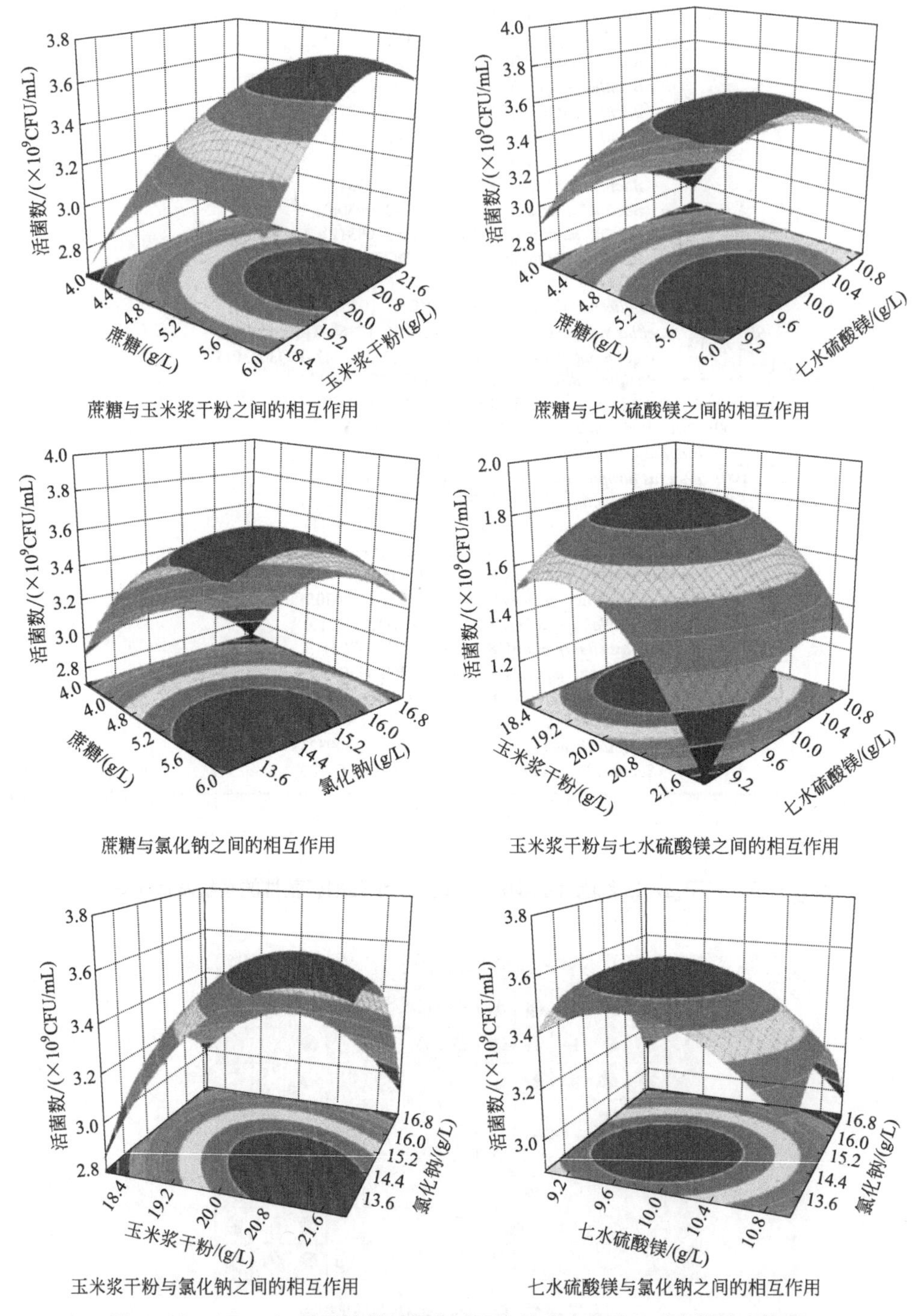

图 7-12　ST-141 种子培养基优化过程中的响应面图和对应的等高线图

④利用ST-141与1株酿酒酵母对棉粕进行混菌发酵，对碳源、氮源、无机盐、接种量、含水量、物料粒径、翻料次数等条件进行优化，最终发酵棉粕与原棉粕相比，棉酚含量由800mg/kg降低至300～500mg/kg，酸溶蛋白含量提高108.7%，pH降至5以下，枯草芽孢杆菌活菌数高于10^8CFU/g，酵母活菌数为10^6～10^7CFU/g（图7-13）。⑤饲喂实验表明，发酵棉粕具有较高的饲喂价值，能部分替代豆粕（表7-4）。⑥棉酚脱除机理初步探索的结果表明，ST-141对棉酚的脱除可能是通过游离棉酚与菌体代谢产物结合转化成结合棉酚实现的。⑦经过中试放大和稳定试验，形成固态发酵棉粕的产品标准（表7-5）（王晓玲 等，2016；韩伟 等，2017）。

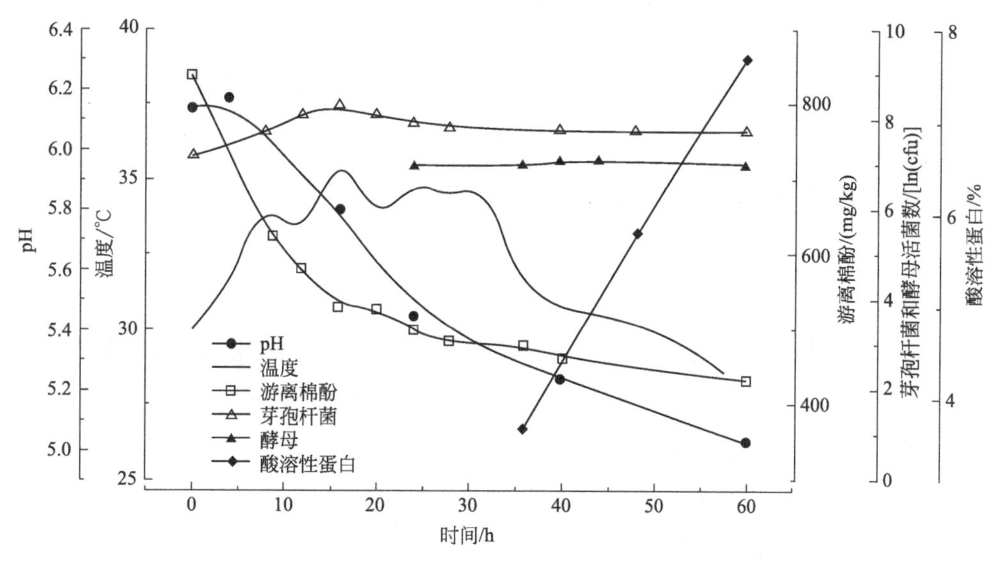

图7-13　固态发酵棉粕过程中各项指标检测

指标包括pH、温度、活菌数、游离棉酚和酸溶蛋白

表7-4　固态发酵棉粕与其他原料指标的对比

项目	干物质/%	粗蛋白/%	表观代谢能/(MJ/kg)	
			蛋鸡	肉鸡
原棉粕	91.92	51.00	9.20±1.79	11.33±0.55
发酵棉粕	90.20	49.80	11.37±0.95	12.24±0.65
豆粕	88.26	44.03	12.70±2.28	9.63±0.63

表7-5　固态发酵棉粕产品标准

检测项目	指标
粗蛋白质 /%	≥ 50.0
氨基酸总量占粗蛋白质比例 /%	≥ 85.0
酸溶蛋白 /%	≥ 7.0
粗纤维 /%	≤ 7.0
水分 /%	≤ 8.0
粗灰分 /%	≤ 8.0
游离棉酚 /（mg/kg）	≤ 400.0
氨基酸消化率 /%	≥ 75.0
益生菌 /（CFU/g）	$\geqslant 2\times10^{8}$
pH	≤ 5.0
颜色、气味	颜色佳、醇香味

7.2.3　米糠稳定化

7.2.3.1　研究思路

由于米糠糊粉层中含有大量的脂肪氧化酶，经研磨释放同时被氧气激活，它会将甘油三酯分解为游离脂肪酸，导致酸价升高；进一步在酶、高温、光照共同作用下加剧反应，米糠迅速酸败。米糠稳定化研究思路（图 7-14）：使用生物酶水解米糠中的脂肪酶，从而达到稳定米糠的目的；研究不同蛋白酶对米糠脂肪酶和脂肪氧合酶的水解效果，考察水解前后米糠酸价的变化；研究蛋白酶与微生物（乳酸菌等）协同作用对米糠脂肪酶、脂肪氧合酶、酸价和营养活性成分的影响；通过蛋白酶稳定米糠协同微生物发酵技术开发新型米糠食品和生物饲料。

米糠中甘油三酯 → **酶解** → 游离脂肪酸 → 过氧化物 → 过氧自由基

图 7-14　米糠稳定化的研究思路

7.2.3.2　研究和应用成果

研究和应用成果如下：①经碱性蛋白酶、木瓜蛋白酶和胰蛋白酶 3 种蛋白酶处理，120min 之后新鲜米糠中相对脂肪酶活力分别下降 37.20%、44.27% 和 43.18%（表 7-6）；新鲜米糠存贮 30d 后游离脂肪酸含量分别为 3.46%、4.11% 和 4.28%，增加率分别为 12.10%、30.89%、40.79%（表 7-7）。②最优稳定化条件：每克米糠按照 1∶2 的料液比加入 15mg 碱性蛋白酶反应 120min（高亚奇 等，2017）。

表7-6 不同蛋白酶处理不同时间对米糠脂肪酶活力含量的影响

种类	时间 /d	相对脂肪酶活力 /%					
		0min	15min	30min	60min	90min	120min
碱性蛋白酶	0	100.00±0.00	78.09±1.58	77.37±2.56	70.74±0.97	68.66±5.58	62.80±2.40
	5	—	—	—	—	—	—
	10	—	—	—	—	—	—
	15	—	—	—	—	—	—
	20	—	—	—	—	—	—
	25	—	—	—	—	—	—
	30	—	—	—	—	—	—
木瓜蛋白酶	0	100.00±0.00	74.42±1.18	69.76±2.64	62.95±1.11	57.72±1.92	55.73±1.14
	5	—	—	—	—	—	—
	10	—	—	—	—	—	—
	15	—	—	—	—	—	—
	20	—	—	—	—	—	—
	25	—	—	—	—	—	—
	30	—	—	—	—	—	—
胰蛋白酶	0	100.00±0.00	74.81±0.44	63.31±2.85	67.05±2.08	62.29±3.09	56.82±3.75
	5	—	—	—	—	—	—
	10	—	—	—	—	—	—
	15	—	—	—	—	—	—
	20	—	—	—	—	—	—
	25	—	—	—	—	—	—
	30	—	—	—	—	—	—

注：“—”表示未检测。

表7-7　不同蛋白酶处理不同时间对米糠游离脂肪酸含量的影响

种类	时间 /d	游离脂肪酸含量 /%					
		0min	15min	30min	60min	90min	120min
碱性蛋白酶	0	2.35±0.08	2.83±0.13	3.17±0.02	3.07±0.03	3.07±0.03	3.07±0.07
	5	3.06±0.06	3.09±0.09	3.25±0.01	3.13±0.01	3.16±0.02	3.14±0.06
	10	4.04±0.01	3.75±0.03	3.60±0.05	3.24±0.06	3.25±0.05	3.20±0.03
	15	5.83±0.03	4.18±0.05	3.79±0.01	3.37±0.01	3.27±0.06	3.26±0.01
	20	6.25±0.03	4.45±0.05	3.97±0.03	3.48±0.02	3.36±0.04	3.29±0.01
	25	7.05±0.18	4.74±0.10	4.19±0.04	3.60±0.04	3.45±0.14	3.34±0.01
	30	7.64±0.07	5.09±0.03	4.39±0.05	3.87±0.08	3.62±0.05	3.46±0.06
木瓜蛋白酶	0	2.18±0.15	2.81±0.07	3.10±0.11	3.13±0.08	3.05±0.06	3.14±0.01
	5	3.00±0.05	3.03±0.13	3.27±0.03	3.20±0.05	3.13±0.05	3.20±0.01
	10	4.04±0.02	3.50±0.04	3.54+0.08	3.52±0.05	3.28±0.01	3.35±0.01
	15	5.35±0.09	3.97+0.03	3.96+0.03	3.82+0.03	3.55+0.03	3.64±0.02
	20	6.29±0.04	4.24±0.01	4.12±0.02	3.96±0.02	3.69±0.01	3.85±0.04
	25	6.99±0.18	4.54±0.16	4.46±0.02	4.13±0.09	3.92±0.03	4.01±0.03
	30	7.46±0.03	4.87±0.18	4.71±0.01	4.39±0.03	4.10±0.07	4.11±0.05
胰蛋白酶	0	2.13±0.06	2.59±0.09	2.81±0.07	2.82±0.01	3.08±0.07	3.04±0.09
	5	3.24±0.02	3.14±0.04	3.27±0.08	3.40±0.03	3.34±0.11	3.25±0.05
	10	4.54±0.06	3.68±0.05	3.54±0.03	3.80±0.04	3.62±0.04	3.36±0.05
	15	5.23±0.01	3.92±0.05	3.90±0.04	3.95±0.01	3.74±0.03	3.42±0.01
	20	5.80±0.25	4.32±0.03	4.29±0.07	4.33±0.06	4.12±0.05	3.88±0.05
	25	6.43±0.15	4.55±0.02	4.61±0.08	4.60±0.15	4.42±0.14	3.92±0.03
	30	7.06±0.22	4.99±0.06	5.07±0.06	5.02±0.02	4.66±0.02	4.28±0.06

7.2.4 生物法脱除真菌毒素

7.2.4.1 研究思路

脱氧雪腐镰刀菌烯醇（呕吐毒素，DON）是收获和储存过程中粮食最可能受到的真菌毒素污染之一。生物脱毒被认为是安全、高效、极具应用潜力的脱毒方法之一。研究思路是：以 *Devosia nanyangense* 菌株为研究对象，能够高效地将 DON 转化为 3-epi-DON（图 7-15），并能研究其脱毒机制。

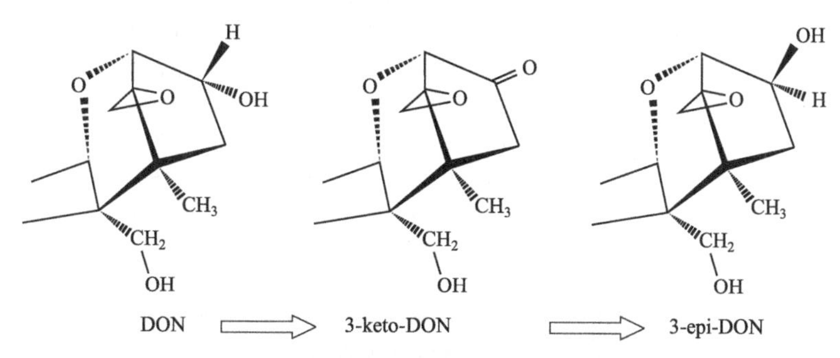

图 7-15　DON 差向异构化为 3-epi-DON 转化过程

7.2.4.2　研究和应用成果

研究和应用成果如下：①从小麦赤霉病高发的南阳地区田间土壤中分离了一株高效降解 DON 的菌株，取该菌株的 TY 培养基对数中期的培养物，经无菌水洗涤后与 200μg/mL 的 DON 共培养 2h 即可将 DON 完全转化为 3-epi-DON，降解率达到 100%。②经 16S rRNA 序列分析、化学组成分类及生理生化等多聚分类法将其归属于生丝微菌科（Hyphomicrobiaceae）中的德沃斯氏属（*Devosia*），并为其命名为新种 *Devoisa nanyangense*（图 7-16）。③该菌株与 DON 共培养脱毒过程中先后产生的 DON 代谢产物之一是 DON 差向异构物 3-epi-DON，其浓度随降解时间的增加而逐步降低，推断 3-epi-DON 并非 DON 降解的终产物而是中间产物（Yang Wang et al., 2017；汪洋 等，2014）。

7.2.5　酶解玉米皮纤维

7.2.5.1　研究思路

天然微生物中降解纤维酶的活力有限，通过基因工程将酶基因克隆并异源表达。研究思路如下：以玉米皮为唯一碳源培养裂褶菌，克隆裂褶菌的木聚糖酶基因 *Xyn22* 和 *Sabf32*，完成了该基因在大肠杆菌中的表达、重组蛋白纯化性质研究及机理分析等。

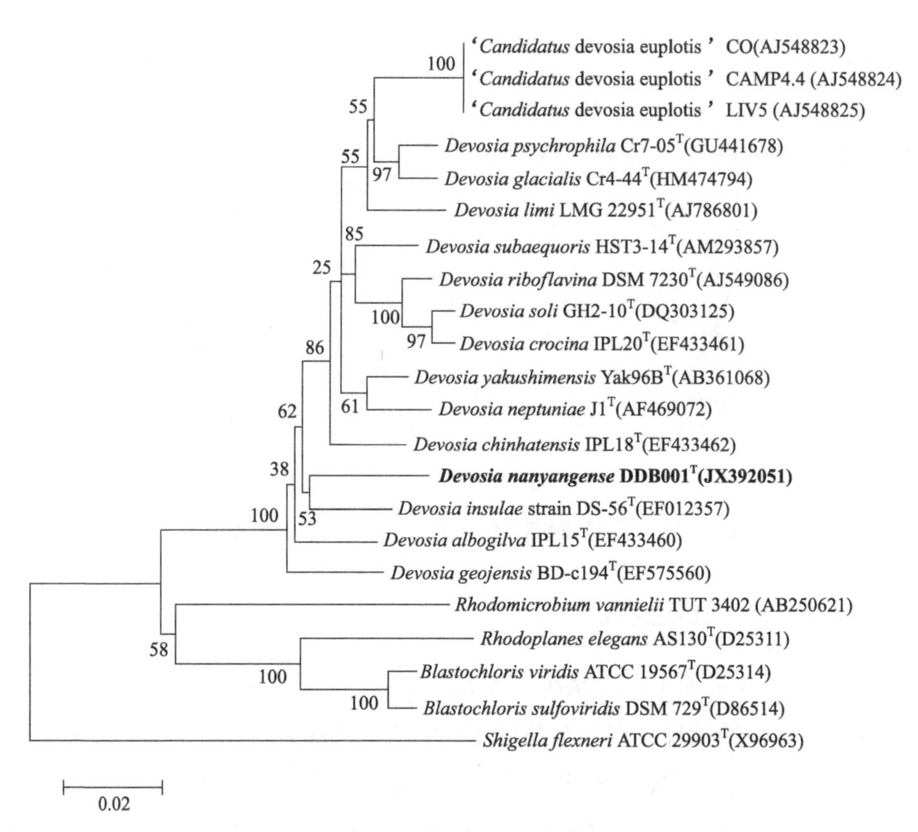

图 7-16　DDB001 和相近菌株的系统发育进化树

酶解玉米皮纤维的研究思路见图 7-17。

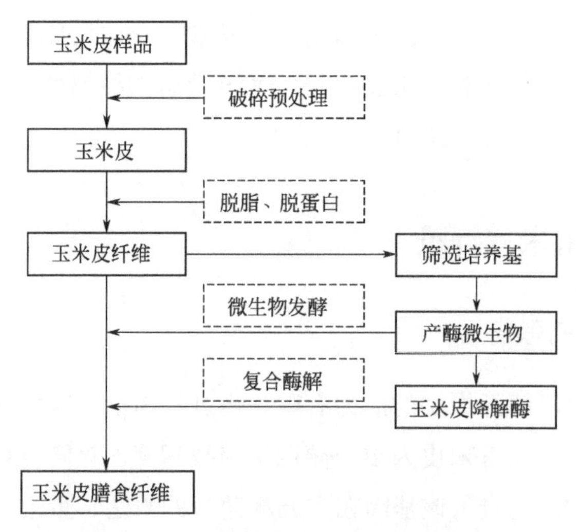

图 7-17　酶解玉米皮纤维的研究思路

7.2.5.2　研究和应用成果

研究和应用成果如下：①在以玉米皮纤维为唯一碳源的培养基培养裂褶菌，发现可将玉米皮纤维转化为菌体生长所必须的碳源。其木聚糖酶酶活为7.45U/mL、乙酰木聚糖酯酶酶活为3.41U/mL、*α*-L-阿拉伯呋喃糖苷酶和*α*-葡萄糖醛酸苷酶活分别为0.44U/mL和0.074U/mL。水解桦木木聚糖分析显示，该酶水解产物为木二糖及聚合度高于木二糖的木寡糖。②克隆裂褶菌的木聚糖酶基因*Xyn22*，完成了该基因在大肠杆菌中的表达、重组蛋白纯化和性质探究。*Xyn22*的最适反应温度为40℃、最适pH为5.0，其相对酶活可在80%以上。③ Mg^{2+}、Ba^{2+}、EDTA和Hg^{2+}对酶活有抑制作用，Hg^{2+}可以使*Xyn22*几乎完全失活；Co^{2+}、Cu^{2+}、K^{+}、Mg^{2+}、Al^{3+}、Fe^{3+}、Ag^{+}、Ca^{2+}、Ni^{2+}、Na^{+}、Mn^{2+}等对酶活的影响很小。④以玉米皮纤维为唯一碳源培养裂褶菌的转录组分析，获得23656个unigene，平均GC含量为0.5897。序列分析显示共有5个木聚糖酶基因，分属糖苷水解酶第10家族和第11家族；有6个*α*-L-阿拉伯呋喃糖苷酶基因，分属糖苷水解酶第43、51和62家族。⑤克隆*α*-L-阿拉伯呋喃糖苷酶的*Sabf32*基因，完成了*Sabf32*基因在毕赤酵母中的表达，其比酶活力为16.18U/mg，K_m和V_{max}分别为（3.98±0.32）mmol/L和（2.59±0.09）μmol/（min·mg）（王靖宇 等，2018；刘玉春 等，2019）。

7.2.6　高通量测序菌群

7.2.6.1　研究思路

发酵或酿造粮食加工副产物体系中形成独特的微生物群落生态，利用高通量测序手段可快速获得菌群结构及其在时间维度中的丰度变化。研究思路是：①收集代表性的样品，完成基因组DNA抽提。②以16S rRNA基因中V3～V4区或其他特定基因为目的片段，构建文库，完成高通量测序。③进行OUT聚类分析和物种分类学分析。④基于OUT聚类结果，可进行多种多样性指数分析，以及对测序深度的检测。⑤基于分类学信息，可以在各个分类学水平上进行群落结构的统计分析。

7.2.6.2 研究和应用成果

研究和应用成果如下，通过高通量测序分析：①以发酵麦麸的菌群分析为例，发酵麦麸样品中，真菌的shannon指数整体高于细菌，而chao1指数远低于细菌，说明发酵过程中真菌多样性高于细菌、真菌丰度远低于细菌。在门水平上，真菌以子囊菌门（Ascomycota）为主，细菌以变形菌门（Proteobacteria）和厚壁菌门（Firmicutes）为主。在属水平上，真菌优势菌属为曲霉属（*Aspergillus*）和链格孢属（*Alternaria*），细菌优势菌属为乳酸杆菌属（*Lactobacillus*）和片球菌属（*Pediococcus*）。②以发酵豆粕的菌群分析为例，酵母菌属（*Saccharomyces*）是不同时间段发酵豆粕的唯一优势真菌属（相对丰度≥1%），它在发酵0h、24h、48h时的相对丰度均值分别为低于1%、98.3%和89.56%（贺成虎 等，2020；董胜奇 等，2019）。

7.2.7 代谢组学寻找差异代谢物

7.2.7.1 研究思路

研究思路是：采用基于气/液相色谱-质谱（GC/LC-MS）联用和高效液相色谱-质谱（LC-MS）联用的代谢组学方法，获得代谢谱（如重点分析分子量＜1000的挥发性物质含量），通过主因素分析和弃一法交叉验证等化学计量方法分析代谢谱，并筛选出重要代谢物，包括共同代谢物和差异代谢物，并利用数据库进行功能注释，推演代谢途径等。

7.2.7.2 研究和应用成果

研究和应用成果如下，利用代谢组学方法：①以玉米须干预2型糖尿病的尿液代谢组为例，在正负离子模式下，筛选出鹅去氧胆酸、甘氨胆酸、精氨琥珀酸等12个差异性标志物，推断可能与三羧酸循环、胆汁酸生物合成、色氨基酸代谢等代谢有关。②以平菇栽培用发酵料的代谢组为例，在正离子和负离子模式下分别筛选得到包括芳香族化合物、氨基酸、糖及醇类、脂质、生物碱等在内的464种和201种差异代谢物，与鸟氨酸、赖氨酸、烟酸生物合成生物碱和组氨酸代谢等相关（吴晨曦 等，2019；刘芹 等，2021）。

参考文献

陈伟，谷新晰，李广靖，等，2020. 玉米赤霉烯酮降解酶 ZHD101 的表达优化及在玉米浆脱毒中的应用 [J]. 河北农业大学学报，43（6）：26-34.

董胜奇，王格，张涛，等，2019. 基于高通量测序分析豆粕发酵过程中真菌群落的组成和变化 [J]. 华中农业大学学报，38（5）：92-97.

段涛，2021. 现代生物化工中酶工程技术研究与应用 [J]. 科技风，7：169-170.

高航，张欣，赵燕，等，2020. 宏基因组测序技术在传统酿造食品微生物群落分析中应用研究进展 [J]. 中国酿造，39（5）：1-7.

高亚奇，熊犍，庄绪会，等，2017. 利用蛋白酶改善米糠稳定性的研究 [J]. 食品科技，42（9）：171-176.

韩伟，李晓敏，刘倩，等，2017. 微生物固态发酵和酶解工艺处理棉粕的研究 [J]. 中国油脂，42（1）：112-115.

韩伟，刘倩，李晓敏，等，2017. 袋式固态发酵法生产饲用棉粕的初步研究 [J]. 粮油食品科技，25（1）：70-73.

韩伟，庄绪会，张云鹏，等，2019. 大豆乳清粉对小鼠肠道菌群及其产生的短链脂肪酸的影响 [J]. 大豆科学，38(1)：104-110.

贺成虎，赵海珍，陆兆新，等，2020. 高通量测序分析麦麸发酵过程中微生物群落结构的变化 [J]. 食品科学，41（24）：102-109.

李鳌，孙宏伟，崔彦，2020. 代谢组学应用与研究进展 [J]. 医学研究杂志，49（1）：168-171.

刘芹，胡素娟，孔维丽，等，2021. 粒径对平菇栽培用玉米芯发酵料代谢物的影响 [J]. 中国瓜菜，34（3）：59-65.

刘茹，焦成瑾，杨玲娟，等，2021. 酶固定化研究进展 [J]. 食品安全质量检测学报，12（5）：1861-1869.

刘玉春，郭超，郭伟群，2019. 玉米皮纤维发酵培养裂褶菌的转录组分析和重组 α-L-阿拉伯呋喃糖苷酶的异源表达 [J]. 食品与发酵工业，45（23）：21-28.

尚雪娇，方三胜，朱媛媛，等，2021. 霉豆渣细菌多样性解析及基因功能预测 [J]. 食品与发酵工业，47（3）：36-42.

汪洋，张晓琳，张小溪，等 . 一株德沃斯氏菌及其降解呕吐毒素的应用 [P].201310339333.2，2014-11-12.

王靖宇，刘玉春，韩伟，等，2018. 玉米皮纤维发酵裂褶菌的产酶分析及木聚糖酶基因克隆、表达和酶学性质测定 [J]. 食品与发酵工业，44（5）：46-51.

王晓玲，刘倩，韩伟，等，2016. 棉酚脱除菌株的筛选及棉粕混菌固态发酵研究 [J]. 粮油食品科技，24（1）：81-85.

王雅丽，付友思，陈俊宏，等，2021. 酶工程：从人工设计到人工智能 [J]. 化工学报，72（7）：3590-3600.

吴晨曦，董文婷，霍金海，等，2019. 基于尿液代谢组学的玉米须治疗Ⅱ型糖尿病大鼠的作

用机制研究 [J]. 中国药理学通报，35（2）：265 -272.

张春月，金佳杨，邱勇隽，等，2021. 传统与未来的碰撞：食品发酵工程技术与应用进展 [J]. 生物技术进展，11（4）：418-429.

Wei Han, Xuhui Zhuang, Qian Liu, et al., 2022. Fermented soy whey induced changes on intestinal microbiota and metabolic influence in mice[J]. Food science and human wellness, 11(1)：41-48.

Yang Wang, Honghai Zhang, Chen Zhao, et al., 2017. Isolation and characterization of a novel deoxynivalenol-transforming strain Paradevosia shaoguanensis DDB001 from wheat field soil[J]. Letters of applied microbiology, 65(5)：414-422.

第 8 章

粮食加工副产物研究与综合利用的发展方向

谈及未来，中国农业人的理想从来极富浪漫主义色彩，譬如年画中一个胖娃娃抱着一条比自己还大的鱼而寓意年年有余，又如袁隆平老人一直追求着“禾下乘凉”的美好愿景！如果就粮食加工副产物利用勾勒一个未来生活场景，可以是这样：清早晨练回家，人们脱下秸秆碳制成的跑鞋和运动外衫，猛然看到一抹阳光洒在一朵小黄花上，花朵源生于盛有组织液的水缸中一株转基因植物，它的基肥和载体都是由稻壳、麸皮及粮食加工残渣制成，并且果实含有丰富的糖，叶子可以做菜，根茎可以入药。打开电脑和 3D 打印机，电子设备的外壳充满了植物纤维的质感。用电脑设计早餐，需要设置和计算多糖、低聚糖、膳食纤维、维生素等各种营养参数，这些营养物质多半从粮食副产物中提取而来，然后 3D 打印机会把它们搅和在一起并完成烘焙。烘焙过程产生的各种气和烟，连同房间内产生的 CO_2 会自动收集到家庭合成工厂，模拟光合作用转化为碳水化合物等再生能源物质。家里还可培养人造细胞肉，只需定时向一个受控器皿中投入养料，可能是豆渣粉或胚芽粉之类。饱餐一顿后，从药瓶中倒出两粒胶囊服下，瓶上注明的益生元配方可能是调节肠道和口腔微生态，或是预防帕金森病或风湿性关节炎的，它们的来源同样是粮食加工副产物……如今，无数粮食加工副产物可能被焚烧、丢弃或低值化利用，但应该相信其可再生资源属性在未来会得到充分利用，最终出现在每一个日常生活空间。

以上生活场景的实现已有两个现实基础。其一，我国的粮食总产量连续6年稳定在6.5亿吨，与之共同增加的粮食加工副产物（尤其是秸秆、米糠、麸皮及其他废渣、废水等），年总产出量同样以亿吨计。综合利用粮食加工副产物，是经济发展过程中的必然选择，也是一项系统性工程。其二，自2019年末起，全球新冠肺炎疫情肆虐，国际粮食市场不确定性增加，各国迅速地“捂住了”自己的粮袋子、制定了谨慎的粮食出口和交易的应对策略。我国一直处于粮食供需紧平衡，“把中国人的饭碗牢牢端在自己手上”这一粮食安全主动权在当下更显关键。而在未来相当长一段时间内，增产与减损并行！粮食加工副产物的循环增值利用即是粮食减损工作的重要内容之一。

粮食加工副产物为我们提供了丰富的基础原料，未来如何利用好，需要在宏观发展策略和微观应用技术两方面做足准备、积极应对、付诸实施。本章内容围绕精准功能与营养、非食品化利用、新兴技术融合、低碳诉求等方面讨论粮食加工副产物的研究和综合利用方向。

8.1 精准功能与营养

2016年中共中央政治局审议通过“健康中国2030”规划纲要，提出“健康是促进人的全面发展的必然要求”，“积极促进健康与养老、旅游、互联网、健身休闲、食品融合，催生健康新产业、新业态、新模式”。当人们满足果腹问题之后，“吃出”营养、功能、健康已成共识！在未来健康食品研发方向的营养选择上，我们就粮食加工副产物利用曾有如下的期许：①挖掘粮食加工副产物的食用价值，提供了一个明确的“功能靶点”。食品不止于满足吃，更要有明确的健康阐释。②做出小众化和个性化的食品。根据不同民族、不同年龄、不同性别、不同个体的饮食习惯、爱好、口味、偏好、认知和营养需求，在满足基本营养当量的同时，追求“差异化”和“独占性”的食谱。切忌单纯依靠大数据分析的思路，迎合某类人群的味觉喜好进行设计食品。③食品开发在一定范围内借鉴药品管理规范，设置适当的临床试验期。功能性新食品的开发，同时兼顾营养与健康。在开发过程中，体内体外试验、安全评估、因果验证等程序或是必须要有的步骤。

其实以上具体的建议，很多是包容在“精准功能与营养”的概念和精神中的，目的是实现个体营养的最优化干预。精准功能与营养，囊括了膳食模式和饮食习惯、人体基因组和微生物组、社会和心理科学、营养和健康需要等多维度的知识，设计定制营养建议，进行安全高效的营养干预，可以预防或治疗与营养有关的疾病、维护生命体健康。实现精准功能与营养，有赖于一些基本条件：①建立科学合理的营养素摄入标准，如《中国居民膳食指南（2016 版）》和《中国居民膳食营养素参考摄入量（2013 版）》。据营养素水平和表型（疾病风险和状态、人体生理反应等）的相关性获得并制定了普通人群和特殊人群（婴幼儿、孕产妇、青少年、老年人群和素食人群等）每日营养推荐量。在此基础上，根据不同个体生物学背景和个体生理病理状态，制定合理的营养需求摄入和干预标准，建议摄入对应功能的干预营养物质。②优选衡量人群营养水平的分子标记物和标准化检测技术，监测干预前后营养状态的变化。③制定精准化干预方案。结合个体特征进行大数据分析，选择针对个体的精准、有效、安全的干预方案，包括干预方式、强度、频度等，建立系统化的干预-效应反应的评估体系，以期达到干预目标。④明确精准营养的目的。精准营养的目的是通过更精准和更有效的方式改善个体营养状态，从而实现对疾病的预防和控制（陈培战 等，2016）。

所谓精准功能与营养，贵在“精准”二字，其面临的挑战之一即是观察性研究居多，反之来自具有评估临床终点的随机对照试验数据有限。未来，一方面要扩大目标属性明确的数据来源，开发并建立新型计算方法、借助现有人工智能计算平台及互联网手段，对有效数据编码、整合、分析、再学习，理解营养干预物的功能机制和量效关系，对不同个体营养状态进行评估和有针对性指导，逐步实现精准的营养管理。另一方面，结合临床和基础研究，发现新的分子标记物，完善精确营养评价方式；如加强代谢综合征相关基因的鉴定，检测营养素对整个细胞、组织或系统及作用通路上所有已知和未知分子的影响，从 DNA、RNA 到蛋白质等不同阶段基因表达的调控及从细胞到整体等不同层次发现适宜的分子标记物，全面了解营养作用机制（姚惠源，2019）。

精准功能与营养健康食品，是个性化的营养方案和通过合理饮食和科学的功能型营养补充剂添加，实现对疾病的预防、治疗，从而达到健康目的的食品。我们以微生物群导向型食品（microbiota directed foods，MDFs）为例，探讨粮食加工副产物在指向肠道菌群这一个体化明显的精准功能营养“靶点”时可能发挥的作用。微生物群导向型食品，指包含一种或多种益生元在内的不同配料组成的食品，经微生物代谢或 / 和被微生物转化后可为宿主直接利用营养或进一步生物转化，同时也包括不经微生物作用而发挥作用的成分（Barratt M J et al., 2017）。益生元，也是“微生物群导向型食品”开发的重要基础之一。而粮食加工副产物即是益生菌和肠道原著菌群偏好的益生元来源，如从米糠、稻壳、小麦胚、玉米芯、豆粕、大豆乳清水、棉粕等原料中可获得膳食纤维；从米糠、小麦胚芽中获得阿魏酸；可从米糠油中获得多酚。粮食加工副产物产出巨大，种类又丰富，决定了它将成为“微生物群导向型食品”开发中重要的物质基础与原料来源，在未来健康产业中发挥更大的作用，并拓宽“优质粮油”的诠释。

近年来大量的研究证实，益生元通过调节微生物群进而影响宿主健康。蔗果三糖可以刺激普氏栖粪杆菌（*Faecalibacterium prausnitzii*）的增殖，并改善小儿特质性皮炎（Koga Y et al., 2016）。膳食纤维在 2 型糖尿病患者肠道中能够促进特定的短链脂肪酸生产菌生长，并且该类菌的丰度和多样性越高，受试者通过增加胰高血糖素样肽-1 越能使血糖得到更好的控制（Zhao L P et al., 2018）。人类粪菌移植的小鼠摄入阿拉伯木聚糖和菊粉，盲肠黏液增多而在结肠中快速降解，阿克曼氏菌（*Akkermansia muciniphila*）在盲肠、结肠和粪便中丰度不断提高（Pieter V D A et al., 2011）。菊粉还能够显著影响小鼠肠道内菌群组成、增加短链脂肪酸的生成并调节酯类代谢（Tan S et al., 2018）。在体外多级发酵体系中，低聚木糖、β-葡聚糖、α-低聚半乳糖均能影响菌群和代谢反应，如短链脂肪酸的生成（Poeker S A et al., 2018）。在孕期和哺乳期摄入低聚果糖可改善食源性肥胖大鼠的代谢，同时伴随着阿克曼氏菌、拟杆菌 / 普氏菌（*Bacteroides/Prevolla*）、双歧杆菌（*Bifidobacterium*）等菌群丰度的变化（Paul H A et al., 2016）。人体细菌可以利用自身的酶水解膳食纤维产生短链脂肪酸，并被大肠迅速吸收，可减少肝脏中胆固醇的合成，从而降低血液胆固醇，增加结肠黏膜细胞对钠和水的吸收，进而对人体的健康状况起到调整作用（Anderson 1987；Anderson et al., 2009）。

谷物中尤其富含纤维素，如玉米、水稻及小麦等含有大量的水溶性或不溶性碳水化合物。这些化合物是制备益生元的优质廉价原料。谷物加工副产物中的膳食纤维主要有纤维素、β-葡聚糖、α-葡聚糖、阿拉伯木聚糖等，它们的含量因谷物类型而异（Zhuang et al., 2018），例如：①麦麸中含有约 46% 的非淀粉多糖，主要是阿拉伯木聚糖、纤维素和 (1 → 3)(1 → 4)-β-D-葡聚糖，分别占 73%、24% 和 6%（Ralet et al., 1990）。所提水溶性膳食纤维在木聚糖酶和纤维素酶的作用下可获得数均分子质量 1780Da 的低聚糖（郭苗苗，2015）。研究证明小麦麸膳食纤维能有效改善机体的血糖指标，同时能预防和治疗动脉粥样硬化和心血管疾病（Soliman，2019）。②米糠膳食纤维含量丰富，但是水溶性较差，使用常规热水提取得率只有 2% 左右。但是使用生物酶协调超声提取可以使得率提高到 7% 以上（庄绪会 等，2019）。生物发酵技术可以利用微生物发酵产生的糖苷酶对米糠半纤维素多糖进行改性，从而增强多糖的活性或获得具有特殊功能的多糖（Liu et al., 2018）；改性获得的阿拉伯糖基葡聚糖、水溶性半纤维素多糖等对非小细胞肺癌等多种肿瘤具有很好的抑制作用，对人体免疫系统具有双向调节功能（Ooi et al., 2018；Liu et al., 2017；Han et al., 2021）。③玉米皮的总膳食纤维含量达到 432 ～ 660g/kg，但是主要是不溶性膳食纤维，还有消化利用困难、适口性差等缺点，造成玉米皮的利用率很低。充分降解或改性玉米皮纤维，提高可溶性膳食纤维含量，同样可带来潜在的益生元产品。我国居民常用谷物中膳食纤维的含量如表 8-1 所示。

表8-1 我国主要谷物中膳食纤维含量（何梅 等，2008）

单位：g/100g

谷物名称	总膳食纤维	半纤维素	纤维素	木质素	果胶
籼米	2.94±1.15	0.52±0.17	0.46±0.07	0.19±0.12	2.00±1.10
糯米	2.75±1.27	0.42±0.19	0.44±0.07	0.28±0.05	2.11±1.35
粳米	1.88±0.41	0.53±0.24	0.46±0.20	0.23±0.12	0.96±0.47
小麦粉	5.79±2.58	2.84±1.73	0.63±0.62	0.38±0.20	2.30±0.67
玉米	9.54±1.04	6.16±0.89	1.95±0.16	0.45±0.07	1.66±0.41
玉米面	9.28±3.08	6.51±2.62	1.60±0.60	0.30±0.14	2.28±1.74
粟米	3.12±0.45	0.95±0.19	0.53±0.11	0.11±0.14	2.07±0.52
大麦粉	14.17±6.04	6.10±3.97	2.06±1.33	0.84±0.32	6.22±1.33
甜高粱	3.29±1.16	1.25±0.50	0.77±0.23	0.09±0.15	1.82±0.53

8.2 非食品化利用

很多情况下，粮食加工副产物中的营养功能成分被首先关注并予以高度重视，再按照形成食品添加剂、食品配料、食品或保健品的思路继续研发。事实上，粮食加工副产物作为非食品开发的原料，在化石能源替代、新材料、半导体、细胞成像（Zhang et al., 2020；Liu et al., 2018）、体内成像（Qin et al., 2020）、药物传递（John et al., 2020）、荧光传感（Qi et al., 2019）、光催化（Tyagi et al., 2016）等多个领域前景同样广阔。在本书第 2 章中，我们列举了稻壳制备白炭黑、玉米须制作香精、玉米芯制备糠醛、小麦胚芽制作化妆品、豆渣制备羧甲基纤维素等非食品化利用方式，极大地拓展了粮食加工副产物的应用途径和应用领域，体现了丰富的工业原料属性。

粮食加工副产物的非食品化利用，存在诸多的优点：①避开食品开发过程中的很多局限，如成分要求明确或单一、毒素或农药残留要求高、符合食品生产线生产规范等，简化了某些分离、提纯等步骤，节约了生产成本。②有利于很多物理化学手段的利用。由于食品直接入口，致使技术手段选择要温和且对人体友好，阻碍了如强辐照或化学改性的手段在粮食加工副产物上的应用，无形中提高了存储、加工成本，减少了它的利用周期。③有利于新技术在粮食加工副产物上的尝试。粮食加工副产物的食品化开发过程很多基于传统加工或科技工艺，习惯于劳动力密集和人工操作，压缩了产业技术变革的空间。粮食加工副产物非食用化利用，面对很多技术成熟领域和固有原料优势的竞争，必须首先考虑成本降低和技术优化，从而必然推动科技手段与新技术的融入。

以秸秆的高效能源化利用为例。我国每年秸秆资源量在 7 亿吨以上，目前技术较为成熟并且已规模化生产的产业主要包括生物质发电、沼气以及纤维素乙醇：①生物质发电。生物质直燃发电是在特定的生物质蒸汽锅炉中通入空气使生物质原料燃烧，产生蒸汽，进而驱动蒸汽汽轮机，带动发电机发电的过程。单纯的生物质直燃发电效率不高，现在一般采用热电联产技术、生物质和煤混燃等技术来解决生物质发电或供热不经济的问题。我国自 20 世纪 90 年代末从丹麦引进生物质直燃发电技术，2004 年以来，先后核准批复了 200 多个秸秆直燃发电示范项目，

2010年起对电价执行保护电价，并有减免税、财政补贴、贴息贷款、运输环节收费减免等多项补贴减免政策。政策的支持与补贴的提高，一定程度上刺激了行业的发展。除去来源于非市场性质的补贴，未来生物质发电在先进技术设备、工艺参数优化、发电效率提升等方面还要积极探索和研究。②生产沼气。沼气是微生物群体在厌氧条件下协同发酵可降解有机物的产物，主要由甲烷（50%～60%）、二氧化碳（35%～45%）和少量的硫化氢、水蒸气等组成，可直接替代原煤燃烧，也可净化提纯后用来加热、发电，输入天然气管网或者作为车用燃料。我国沼气建设也发展较早，近年来逐步由小型、分散化、经济效益差的农村户用沼气向规模化的沼气工程发展，已建成多个以畜禽粪便为主要原料的大型沼气并网发电项目。尽管我国大中型沼气工程的发展速度较快，但规模及效益、技术装备上仍然有待进一步提高，如产气率低，能耗高，很多沼气工程采用常温发酵或外加热源近中温发酵工艺，在冬季不能维持稳定产气，运行效果差，都是我国沼气发展面临的主要问题。除此以外，在利用方式方面，仍然以替代原煤直接燃烧为主，只有约1%的沼气项目进行沼气发电，提纯作为车用燃气的项目更少，工程的经济效益较差，能量转化效率低。③制备纤维素乙醇。纤维素乙醇作为第2代燃料乙醇，其原料主要为农作物秸秆、林业废弃物等，与第1代和第1.5代燃料乙醇相比，在粮食安全、原料供应、环境保护等方面有绝对优势，具有广阔的开发前景。我国自2007年陈化粮消化结束后，开始了对非粮乙醇的探讨研究。至2012年底，世界已建成上百套纤维素乙醇中试装置，2013～2014年，国内外先后有若干3万～7.5万吨/年规模的纤维素乙醇示范装置投入试运行，累计产能超过40万吨/年。目前我国的产能规模也以十万吨计。至今，秸秆的能源化利用仍是必要的能源选择或能源储备手段之一。

8.3 新兴技术融合

笔者在本书第3章列举了很多生物技术在粮食加工副产物综合利用中的实例，因为以生物技术结合多学科知识的成熟技术手段，在过去十余年里对我国主要粮油加工副产物进行综合开发，在提升我国粮油加工副产物的利用水平、丰富产品种类、增加附加值等方面发挥了巨大的作用。而在科技发展日新月异的今天，诸如合成生物学技术、纳米技术、人工智能、3D打印技术、物联网等时代新兴技术已在各个领域体现出价值。我们也相信，通过多种新兴技术融合与协同运用，在粮食加工副产物研究和综合利用领域也能爆发出惊人能量，促进其向科技化、高附加值化、低碳化发展。

8.3.1 合成生物学

合成生物学结合“自下而上”的“建造”思维和系统生物学“自上而下”的“分析”理念，通过合成生物功能元件、装置和系统，对细胞或生物体进行遗传学设计和改造，构建具有可预测与可控制特性的遗传、代谢或信号网络的合成成分，使其具有满足人类需求的生物功能，甚至创新生物系统（严伟 等，2020）。目前，合成生物学在如虾青素等天然产物合成、水稻遗传改良、蛋白质功能材料、电活性生物膜改良等诸多方面多有应用，是近年最具潜力和发展最快的技术之一。

目前合成生物学在粮食加工副产物研究和综合利用中的直接工作很少，但未来发展空间很大：①合成生物学在微生物改造与合成药物、能源物质合成等方面的成功经验和某些元件完全可以借鉴到分解纤维素酶合成、改性多糖合成等应用中来。②粮食加工副产物也为合成反应提供了各种碳骨架、酶等物质基础，直接支持合成生产线和合成工厂的运行。

8.3.2 纳米技术

纳米技术是研究结构尺寸在1～100nm范围内材料的性质和应用的一种技术。纳米材料显然有更大的比表面积、更多的表面原子数和更高的表面能和表面张力，易与其他原子结合，还常具有抑菌、抗紫外线和无细胞毒性等特点，现已延伸至现代科技的广阔领域，形成了纳米材料学、纳米体系物理学、纳米化学、纳米生物学、纳米电子学、纳米加工学、纳米力学等 。

纳米技术在果胶、玉米醇溶蛋白、酪蛋白、壳和秸秆纤维素、多糖、淀粉等农产品副产物上有很多研究与利用案例（朱宇竹 等，2019）。在粮食加工副产物研究和综合利用中可能的应用如下：①制备纳米木质素。使用沉降法、溶胶-凝胶法、水热法、自组装法及化学气相法等制备纳米木质素，可用于填充材料、抗紫外线抗菌材料和生物基载体（周宇 等，2019）。②制备肉类等保鲜剂。如乳清蛋白、大豆蛋白、多糖等都是纳米级复合材料聚合物的材料来源，并具有良好的机械性能、生物相容性、生物降解性、耐化学性、抗菌性、阻气性、可降解及成本低的特点，可用作食品包装的生态友好型材料（邓钰桢 等，2020）。③制备传感检测用材料。如碳基纳米石墨烯、介孔碳等可以服务于“瘦肉精”的传感检测、微生物核酸检测等（赵杰 等，2019；李庆梅 等，2019）。④改性高分子材料，如橡胶等。

8.3.3 人工智能

人工智能，是在计算机和通信技术、数据挖掘、机器深度学习等学科的共同推动下，通过机械和程序实现人类智能，是模拟人类解释系统外部信息、深度学习并达到特定目的的一系列过程，在航天远程控制、高端医疗诊断、网络安全管理、教学与科研、服务业等已有很多成功运用案例。

人工智能技术在粮食储藏、粮食加工、粮食物流中已有应用，如在粮食产后储藏领域，运用基于粮堆多场耦合理论机理驱动 AI 技术（粮堆温度湿度场云图分析、粮库存监管的温度场云图指纹扫描技术、粮堆压力场模型与粮仓实物数量 AI 探测仪）、粮虫害的机器识别技术、干燥应用、大米产业链 5T 管理、粮食知识库等（吴子丹 等，2019）。在粮储决策领域，粮食安全形势总览、政策推演、重大效果评估、重大数据研判、智能粮食监管、智能信息服务等有模型研究或应用（张浩林，2019）。人工智能技术在粮食加工副产物研究和综合利用中可能的应用如下：①在设备研发方面，人工智能的融入可大幅提升机械装备智能化，使生产线得到最大化的应用效率。②在原料收集处理和数据分析方面，人工智能技术可完成天气、农业、人工、物流等信息的综合分析和研判，有助于分散的粮食加工副产物集中收集与消化，使产出和市场间有效对接，让使用空间和时间均实现压缩或缩小。③在产业发展方面，人工智能引进，必然吸引更多的创新型人才，提高在职传统粮食产业工作人员的整体能力，反之加快传统行业的前进步伐，推动粮食加工副产物利用产业的转型升级。

8.3.4 3D打印技术

3D打印技术，又称增材制造，是一种按照电脑辅助设计模型逐层生产并最终形成完整产品（如聚合物、金属、陶瓷以及复合材料等）的材料加工方法，它可使平面打印延展到三维空间，将蓝图变成实物，并已被广泛应用于建筑、生物、医学、电子、餐饮和手工制造等行业。相比传统制造方法（如挤出成型、模压成型等），3D打印能够快速成型、整体制造出复杂而精密的元件或成品。

3D打印技术的发展瓶颈之一是缺少合适的打印“墨水”，即打印材料很多时候受限于理化性质，却打印不出符合结构和精度要求的目标物。而许多粮食加工副产物可能进入3D打印材料备选：①以改性纤维素为主的复合材料，可研发如生物相容性好、热固性和热塑性强、结构性能优越等特点的打印材料。②以豌豆蛋白为基料的3D食品打印材料，使用含量可在50%～75%，打印物的成型效果好，造型逼真，表面光滑度高（董雷超 等，2020）。③豌豆秸秆粉可增强聚乳酸基3D打印材料的拉伸能力、弯曲强度、疏水性等性能（董丽莉 等，2019）。

8.3.5 物联网

物联网，通过信息传感设备，将实物与互联网连接，进行信息交换和通信，以实现智能化识别、定位、跟踪、监控和管理的“万物互联”网络。它包含两层含义：第一，物联网的核心和基础是互联网；第二，物联网实现了人与物品及物品之间信息的交换和通信。

我国粮食总产量之巨、覆盖面广、涉及品种丰富、涉及人员多，无论从哪方面讲，其物联程度都将是规模最为庞大的网络体系之一。目前很多企业和科研机构已经探索并建立包含从种植、收购、储运、运输、加工和销售的全流程溯源的基于识别代码物联网技术的粮食安全质量追溯系统、粮食仓储管理系统、粮食粮情监管系统等，将传感器采集、智能化识别、定位追踪、监控管理以及云计算等多种物联网用于各流程分段或统一的粮情检测（周鹏，2021；张光桃，2020）。

在粮食加工副产物的综合利用方面，借助区块链技术，以物联网为基础，逐步建立连接收获、储藏、流通、加工和销售等环节乃至加工者与用户间多层级的数据交流网络体系，信息流和实物流充分对应对接，对于实现粮食加工副产物的高效利用的作用不言而喻。

8.4 低碳诉求

温室气体排放剧增，全球气候变暖，这是当下人类面临的全局性难题之一。2020 年 9 月 22 日，习近平总书记在第 75 届联合国大会一般性辩论上的讲话指出中国的“低碳”发展目标：“中国将提高国家自主贡献力度，采取更加有力的政策和措施，二氧化碳排放力争于 2030 年前达到峰值，努力争取 2060 年前实现碳中和”。2020 年 12 月 25 日，《全国碳排放权交易管理办法（试行）》通过审议，并于 2021 年 2 月 1 日起正式实施，标志着我国开启了全面建设碳交易市场，未来我国的碳交易市场机制将向着审慎、完善和高质量发展的目标前进。

农业是碳排放的重要组成部分。从翻动土壤的那一刻起，每年数十亿吨的碳会随着植物呼吸、秸秆焚烧、畜牧养殖、机械化操作等排至大气层。对于粮食加工副产物开发而言，只有尽快融入低碳经济，在可持续发展格局下，不断通过技术创新和专业转型，形成经济、社会、环境等多赢的循环发展模式。在实现低碳排放目标和粮食加工副产物利用的双驱目标下，我们应坚守如下原则：第一，不能随意废弃任何一样粮食加工副产物；其产生之初多来自某生产流程下的“副产品”，但丢弃的自然消解和人力收集所带来的环境成本不容忽视。第二，不以简单焚烧等直接排放碳的方式处理。第三，站在可持续利用的角度设计生产线，提高粮食加工副产物的“全利用”率和综合利用率。第四，不论使用何种技术进行开发，实现最优化利用粮食加工副产物同时，全面考虑并降低能耗。

我们仍以研发生物质能源研发为例。2021 年 9 月 15 日，中国产业发展促进会生物质能产业分会发布《3060 零碳生物质能发展潜力蓝皮书》指出，我国生物质资源作为能源利用的开发潜力约为 4.6 亿吨标准煤（姚金楠，2021），开发潜力巨大。传统上，生物质资源通过直接燃烧的方式提供能源，存在着能量利用率低、燃烧不完全、有害气体排放等缺点。为了提高能量利用率、避免温室气体及污染物排放，需要将木质纤维素降解产能清洁能源。目前木质纤维素降解方法有气爆法、化学降解、生物降解等。例如，比利时鲁汶大学Sels课题组（Liao et al., 2020）提供了一种木质纤维素的高效化学催化炼制工艺，将催化还原分离木质纤维素（RCF）、化学催化炼制和生物发酵法等技术结合起来实现了木质纤维素全组分高效降解和利用。该工艺首先通过还原分离生物质将木质素（液体）和纤维素半纤维素（固体）分开；然后将木质素（酚类低聚物和单体）还原、催化裂解得到了20%（质量分数）的苯酚收率和9%（质量分数）的丙烯收率；将纤维素半纤维素通过生物发酵法制得纤维素乙醇（40.2g/L）。与化石燃料（分别为1.73kg和1.47kg CO_2当量）相比，苯酚（0.736kg CO_2当量）和丙烯（0.469kg CO_2当量）的环境成本更低。该工作不仅证明了从木质纤维素制备大宗化学品（例如苯酚和丙烯）的技术可行性，还表明高效利用生物质在CO_2减排工作中的巨大潜能。

综上所述，粮食加工副产物是一类极具开发潜力的宝贵资源集合，其产量丰富、组分多样、用途广泛。对于进入高质量发展阶段的粮食行业来说，利用好粮食加工副产物无疑是做到“提质增效”的一个重要突破口；对于具有战略眼光的企业而言，开发好粮食加工副产物无疑是占领“下一个市场”的一次机遇。需要特别指出的是，本书利用大量笔墨写到若干种代表性粮食加工副产物及其分别的组成、主要用途、功能、制备方法等，意在让读者认识具体的副产物并介绍其研究和利用现状，但我们不认为粮食加工副产物应该“分门别类”地逐项开发，而是应该立足于综合利用模式的创新，把革新的焦点放在节粮减损、高效利用和研发新产品上，放在提升智能化制造水平上，变废为宝、变废为用，让粮食加工副产物更好地服务人民，更多地创造财富！

参考文献

陈培战，王慧，2016. 精准医学时代下的精准营养 [J]. 中华预防医学杂志，50（12）：1036-1042.

郭苗苗，2015. 麦麸膳食纤维与低聚糖的制备及理化性质研究 [D]. 天津：天津科技大学 .

庄绪会，郭伟群，刘玉春，等，2019. 生物酶 – 超声波协同提取制备米糠多糖工艺 [J]. 粮油食品科技，27（1）：56-62.

何梅，杨月欣，王光亚，等，2008. 我国农村谷类和干豆类食物中膳食纤维含量的研究 [J]. 中国粮油学报，23（2）：199-205.

朱宇竹，李锋，陈义伦，等，2019. 纳米技术在农产品加工副产物利用中的应用 [J]. 食品研究与开发，40，（9）：186-193.

周宇，李改云，韩雁明，等，2019. 纳米木质素制备技术及应用研究进展 [J]. 木材工业，33（4）：27-31.

邓钰桢，张亚迪，杨晓溪，等，2020. 纳米技术在肉类保鲜中的应用研究进展 [J]. 肉类研究，34（12）：87-93.

赵杰，梁刚，李安，等，2019. 功能纳米材料的“瘦肉精”传感检测技术研究进展 [J]. 农业工程学报，35（18）：255-266.

李庆梅，张亮亮，张洪，等，2019. 基于纳米技术的病原微生物核酸快速检测研究进展 [J]. 临床检验杂志，37（7）：491-494.

吴子丹，张强，吴文福，等，2019. 我国粮食产后领域人工智能技术的应用和展望 [J]. 中国粮油学报，34（11）：133-139+146.

张浩林，2019. 大数据与人工智能技术在粮食行业决策分析中的应用实践 [J]. 中国粮食经济，3：72-74.

董丽莉，顾海，雷文，2019. 豌豆秸秆粉增强聚乳酸基 3D 打印材料性能 [J]. 塑料，48（6）：42-45.

周鹏，2021. 基于识别代码物联网技术的品牌粮食质量追溯系统的探讨 [J]. 粮食与食品工业，28（4）：59-61.

张光桃，2020. 基于物联网的粮食仓储管理系统研究 [J]. 科学技术创新，16：74-75.

董雷超，陈炫宏，王赛，等，2020. 马铃薯淀粉对豌豆蛋白 3D 打印材料结构及特性的影响 [J]. 中国食品学报，20（1）：127-133.

姚金楠 . 我国生物质能源化利用潜力约 4.6 亿吨标煤 [N]. 中国能源报，2021-09-20（019）.

姚惠源，2019. 精准营养与粮油健康食品的发展趋势 [J]. 粮油食品科技，27（1）：1-4.

严伟，信丰学，董维亮，等，2020. 合成生物学及其研究进展 [J]. 生物学杂志，37（5）：1-9.

Anderson J W, 1987. Dietary fiber, lipids and atherosclerosisp[J]. The American journal of cardiology, 60(12)：G17-G22.

Anderson J W, Baird P, Davis R H, et al., 2009. Health benefits of dietary fiber[J]. Nutrition reviews, 67(4)：188-205.

Barratt M J, Lebrilla C, Shapiro H Y, et al., 2017. The gut microbiota, food science, and human nutrition: a timely marriage [J]. Cell Host & Microbe，22：134-141.

Han W, Chen H, Zhou L, et al., 2021. Polysaccharides from ganoderma sinense - rice bran fermentation products and their anti-tumor activities on non-small-cell lung cancer[J]. BMC complementary medicine and therapies, 21(1)：169.

John T S, Yadav P K, Kumar D, et al., 2020. Highly fluorescent carbon dots from wheat bran as a novel drug delivery system for bacterial inhibition[J]. Luminescence, 35(6)：913-923.

Koga Y, Tokunaga S, Nagano J, et al., 2016. Age-associated effect of kestose on *Faecalibacterium prausnitzii* and symptoms in the atopic dermatitis infants[J]. Pediatric Research, 80(6)：844-851.

Liao Y, Koelewijn S F, Bossche G V D, et al., 2020. A sustainable wood biorefinery for low–carbon footprint chemicals production[J]. Science, 367(6484)：1385-1390.

Liu J, Dong Y, Ma Y, et al., 2018 One-step synthesis of red/green dual-emissive carbon dots for ratiometric sensitive ONOO− probing and cell imaging[J]. Nanoscale, 10(28)：13589-13598.

Liu Q, Cao X, Zhuang X, et al., 2017. Rice bran polysaccharides and oligosaccharides modified by Grifola frondosa fermentation: antioxidant activities and effects on the production of NO[J]. Food chemistry, 223：49-53.

Liu S, Zhuang X, Zhang X, et al., 2018. Enzymatic modification of rice bran polysaccharides by enzymes from grifola frondosa: natural killer cell cytotoxicity and antioxidant activity[J]. Journal of food science, 83(7)：1948-1955.

Ooi S, Mcmullen D, Golombick T, et al., 2018. Evidence-based review of BioBran/MGN-3 arabinoxylan compound as a complementary therapy for conventional cancer treatment[J]. Iintegrative cancer therapies, 17(2)：165-178.

Paul H A, Bomhof M R, Vogel H J, et al., 2016. Diet-induced changes in maternal gut microbiota and metabolomic profiles influence programming of offspring obesity risk in rats[J]. Science Report, 6(20683)：1-14.

Pieter V D A, Philippe G, Sylvie R, et al., 2011. Arabinoxylans and inulin differentially modulate the mucosal and luminal gut microbiota and mucin-degradation in humanized rats[J]. Environmental Microbiology, 13(10)：2667-2680.

Poeker S A, Geirnaert A, Berchtold L, et al., 2018. Understanding the prebiotic potential of different dietary fibers using an in vitro continuous adult fermentation model (PolyFermS) [J]. Science Report, 8(4318)：1-12.

Qi H, Teng M, Liu M, et al., 2019. Biomass-derived nitrogen-doped carbon quantum dots: highly selective fluorescent probe for detecting Fe^{3+} ions and tetracyclines[J]. Journal of colloid and interface science, 539：332-341.

Qin K, Zhang D, Ding Y, et al., 2020. Applications of hydrothermal synthesis of *Escherichia coli* derived carbon dots in in vitro and in vivo imaging and p-nitrophenol detection[J]. Analyst, 145(1)：177-183.

Ralet M C, Thibault J F, Della V G, 1990. Influence of extrusion-cooking on the physico-chemical properties of wheat bran[J]. Journal of cereal science, 11(3)：249-259.

Soliman G A, 2019. Dietary fiber, atherosclerosis, and cardiovascular disease[J]. Nutrients, 11(5)：1155.

Tan S, Caparros-martin J A, Matthews V B, et al., 2018. Isoquercetin and inulin synergistically modulate the gut microbiome to prevent development of the metabolic syndrome in mice fed a high fat diet[J]. Science Report, 8(10100)：1-13.

Tyagi A, Tripathi K M, Singh N, et al., 2016. Green synthesis of carbon quantum dots from lemon peel waste: applications in sensing and photocatalysis [J]. RSC Advances, 6(76)：72423-72432.

Zhang Y, Zhang X, Shi Y, et al., 2020. The synthesis and functional study of multicolor nitrogen-doped carbon dots for live cell nuclear imaging[J]. Molecules, 25(2)：306.

Zhao L P, Zhang F, Ding X Y, et al., 2018. Gut bacteria selectively promoted by dietary fibers alleviate type 2 diabetes[J]. Science, 359 (6380)：1151-1156.

Zhuang X, Zhao C, Liu K, et al., 2018. Chapter 10 - cereal grain fractions as potential sources of prebiotics: current status, opportunities, and potential applications science direct[J]. Food and feed safety systems and analysis：173-191.

后记

歇笔之时，感慨万千！

作为“老粮食”家庭长大的孩子，自己也奋战在粮储行业十余年，有时颇感一种传承的光荣和初心的感召。因此，在工作之余，我总想再写点什么，为内中的“粮心”作注，将自己的思考记录下来，这是编写本书的最大动因。另外，我参加工作即研究粮食如何“吃干榨尽”、如何利用好粮食加工副产物，尽管还没有特别耀眼的成果做出来，但不妨碍我看出它在未来产业中的地位和潜在影响，这又促使我将粮食加工副产物写为作品的“主人公”。

援藏的短暂岁月，我在日常走访和接触中体会着当地人民的勤劳、热情和智慧，他们把生活过得富足美满和蒸蒸日上；在工作岗位上体会着当地同事的敬业、专业和奉献，他们把事业做得条理有序且成绩斐然。有时候，我不觉得自己是一个援助者，而是一个受援者。在这种日子的激励下，我时常默默告诫自己业余时不能闲下来，要多做有价值的事情，这样也可以吹散因远离家乡而带来的孤独。当一行行文字排列在电子文档之时，我的心中是喜悦的。感谢援藏经历，感谢在这里所遇的人和事！

还要感谢的是我曾经所在的团队——粮科院发酵生物技术组。在那里，我经过了辛苦、磨砺但很开心的九年，尽管它解散了，当时的队友和往事依然历历在目。当然也要感谢我的爱人和儿子，一直支持和陪伴着我，想你们。

最后，向翻看此书的读者致以诚挚的谢意。

韩伟

2021 年 10 月于拉萨